식탁 위의 과학

분자요리

요리와 과학의 맛있는 만남

식탁 위의 과학

분자요리

이시카와 신이치 지음 | 홍주영 옮김

끌레마 Clema

∵ 머리말

어릴 적 집이 가난했던 나는 누나와 함께 날달걀 한 개를 밥에 비벼서 나누어 먹곤 했다. 나보다 세 살 많은 누나는 "먼저 달걀을 풀어 줄게" 하면서 아직 순진무구했던 내게는 별로 맛이 없는 미끌미끌한 흰자 쪽을 밥에 비벼 주고, 자기는 맛있는 노른자 쪽을 더 많이 먹었다.

그러고 나서 이십 몇 년이 흐른 뒤 나는 대학에서 음식 연구자가 되어 '달걀'을 연구 주제로 삼았다. 내가 달걀을 연구한다고 하자 누나는 이렇게 말했다.

"너, 어렸을 때 맛있는 날달걀밥 못 먹어서 잠재의식 속에 달걀이 들어 있었나 보구나."

나의 가난했던 어린 시절, 텔레비전 만화영화에서 그려지던 미래의 요리는 카드나 튜브 혹은 캡슐 따위로 된 우주 음식을 떠올리게 하는 것이거나 전자레인지 같은 기구에서 완성된 요리가 툭 튀어나오는 것이었다. '과연 21세기 찬란한 미래에는 어떤 요리를 먹고살까?' 1980년대 먹어도 먹어도 허기를 채울 수 없었던 소년은 상상이 안 되는 미래의 음식에 부푼 기대를 안고 주린 배를 움켜잡곤 했다.

그 21세기가 된 지도 어느새 10년이 넘게 흘렀지만 여전히 나는 20세기와 똑같은 밥에 된장국을 먹고 있고, 아침에는 달걀흰자와 노른자를 다 넣은 날달걀밥을 먹고 있다. 한편 1990년대부터 해외 레스토랑 등지에서는 분자 가스트로노미, 즉 분자요리법이라고 하는, 여태껏 볼 수 없었던 색다른 요리법이 주목받기 시작했다.

이 분자란 말에는 물리학, 화학, 생물학, 공학 등과 같은 과학적 관점이 담겨 있으며, 분자요리법이란 과학적인 방법을 통해서 기존에는 없던 새로운 요리를 만들고자 시도한 것이다. 세계의 일부 레스토랑에는 과학 실험실에서나 쓰는 기구가 등장하고 지금까지 아무도 경험한 적이 없는 참신한 요리가 등장하기 시작했다. 고객은 이들 요리에서 모던함과 그 너머에 존재하는 '미래'를 발견했을 것이다.

이렇듯 전위적인 레스토랑에서 새로운 기술을 도입하여 선보이는 요리는 대폭 진화하고 있는 데 반해서 우리가 일상적으로 먹는 요리는 크게 달라지지 않은 듯하다. 그러나 슈퍼마켓에서 파는 식재료나 패밀리 레스토랑에서 개발한 메뉴 등은 예전에 비하면 그 맛이 훨씬 좋아지고 있다. 새로 나온 전기밥솥에 한 밥맛 또한 경탄할 만하다. 게다가 예로부터 내려오는 전통적인 요리도 다양한 '실험'을 통해서 '맛의 최적화'

가 이루어지고 있다.

이처럼 인류는 맛있는 요리를 연구하고 새로운 요리를 개발하는 데 과학이라는 메스를 가하곤 한다. 이 책을 통해 그러한 요리와 과학의 맛있는 세계를 함께 맛보기 바란다.

∵ 차례

4장 요리 과정에 숨어 있는 과학원리

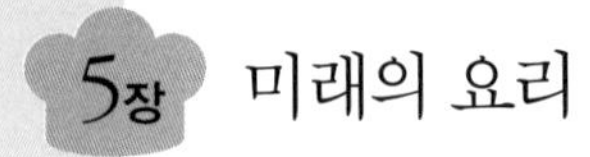

미래의 요리

제1장

요리와 과학의 맛있는 만남

요리사가 과학을 만날 때

요리의 세계에 찾아온 '분자'의 흐름

가난한 이과 대학생의 요리 생활

대학 시절, 나는 주머니 사정이 넉넉하지 않았지만 요리하는 것을 좋아해서 아침저녁 매일같이 집에서 간단한 요리를 만들어 먹곤 했다. 게다가 쿠키 만들기가 취미인 남자 동급생에게 자극을 받아서 주말이면 집에서 케이크와 빵도 굽게 되었다. 요즘 말로 하면 완벽한 '요리하는 남자'였다.

쿠키를 만들어보니 기본 레시피대로만 따라 하면 그런대로 맛있게 구워지겠구나 싶었다. 간혹 조금씩 레시피를 바꾸어 해보다가 별로 맛이 없게 나왔을 때에는 "뭔가 좀 부족한걸" 하면서도 기쁘게 먹곤 했다. "어떻게 하면 좀 더 맛있게 될까?" 하고 요리 과정을 곰곰이 되짚어보는 것은 정말로 즐거운 일이었다.

나는 특히 아이스크림 만드는 재미에 빠져들었다. 생체물리화학 연구실 소속으로 공부하던 대학원생 때, 드롱기 사에서 만든 가정용 아이스크림 제조기를 어렵사리 구해놓고는 평일 자정까지 실험에 매달리다 집으로 돌아와서도 날마다 아이스크림을 만들었던 것이다.

거의 한 달 동안 때로는 아이스크림 재료들의 배합을 바꾸어보고, 때로는 혼합 온도나 혼합한 재료의 숙성 시간을 달리하면서 시중에서 판매하는 대용량 정도로 바닐라아이스크림을 만들어 그 자리에서 저녁밥으로 다 먹었다. 아이스크림에 푹 빠진 때가 마침 한겨울이었던 탓에 아이스크림을 먹고 나면 잠자리에 들어서도 속이 부들부들 떨렸다. 많은 양의 아이스크림을 한꺼번에 먹어서 몸이 속에서부터 꽁꽁 얼어붙는 것 같았다. 그 덕분에 아이스크림 만들기에 관한 한 거의 완벽한 레시피를 구사할 수 있는 실력이 되었다.

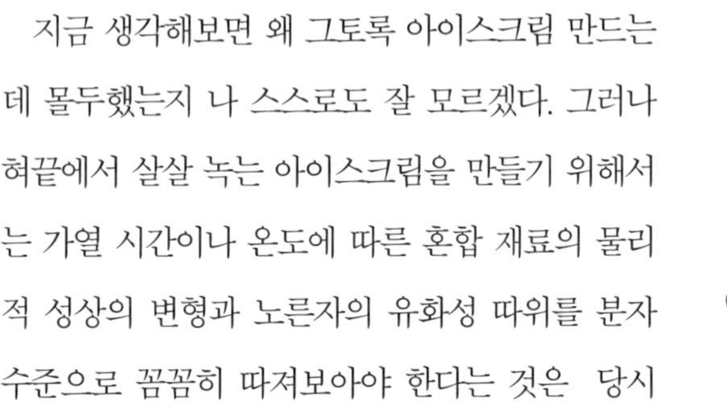

지금 생각해보면 왜 그토록 아이스크림 만드는 데 몰두했는지 나 스스로도 잘 모르겠다. 그러나 혀끝에서 살살 녹는 아이스크림을 만들기 위해서는 가열 시간이나 온도에 따른 혼합 재료의 물리적 성상의 변형과 노른자의 유화성 따위를 분자 수준으로 꼼꼼히 따져보아야 한다는 것은 당시에도 잘 기억하고 있었다.

꽃피는 분자생물학

흔히 '요리는 과학이다'라고 하는데, 연구를 직업으로 삼고 있는 나도 주방에 서면 요리는 과학임을 실감한다. 채소를 볶거나 빵을 구울 때 프라이팬이나 오븐에서 일어나는 반응은 분명 화학반응이며 만들어진 요리는 화학반응에 의한 생성물이다.

조리에는 경험과 솜씨가 중요하지만 음식의 맛이 좋아지는 과정을 끝까지 파고들수록 요리를 과학적인 관점으로 바라보지 않을 수 없다. 요리(料理)란 말을 '이치(理)를 헤아리다(料)'로 쓸 정도이니 그야말로 요리는 이과계인 셈이다.

세계 과학계에서는 생물학을 분자 수준으로 연구하는 분자생물학이 1938년 워런 위버에 의해 시작된 이래 현대 생명과학은 극적으로 진보했다. 1953년에는 제임스 왓슨과 프랜시스 크릭이 DNA의 이중나선구조를 발표, 유전이란 DNA 복제를 통해서 일어나고 DNA의 염기서열이 유전정보라는 것을 훌륭하게 밝혀냄으로써 분자생물학 발전에 신기원을 이루었다. 생물 최대의 미스터리였던 유전암호를 '분자의 언어'로 명쾌하게 설명하기 시작한 것이다.

요리와 과학의 접근

요리 분야에서도 20세기 말경부터 몇몇 외국 물리화학자들이 요리를 분자 수준으로 활발하게 연구하기 시작했다. 과학자들이 맛있는 요리의 비밀을 '분자의 나이프와 포크'로 밝혀낸 셈이다.

다른 한편에서는 일부 혁신파 요리사들이 실험실에나 있을 법한 기구와 기기를 들고 여태껏 아무도 본 적이 없는 참신한 요리를 만들어냈다. 이는 '분자 가스트로노미', '분자미식학', '분자요리'라고 불리면서 많은 사람들의 관심을 불러일으켰다.

요 몇 해 사이에 요리와 과학은 급격히 가까워지고 있다. 이 요리와 과학의 조우의 역사는 눈높이를 바꾸면 시야가 크게 달라진다. 요리사가 바라본 과학과 과학자가 바라본 요리, 이 둘을 나누어 각각의 관점에서 살펴보기로 하자.

'엘부이' 페란 아드리아의 전위적인 요리에 숨겨져 있는 것

요리의 천재가 스페인에서 나타났다

20세기에서 21세기로 넘어오면서 그다지 최고 미식 국가라고는 여기지 않았던 나라의 한 요리사가 전 세계 요리업계를 뒤흔들기 시작했다. 바로 페란 아드리아라고 하는, 스페인의 카탈루냐 지방에 있는 레스토랑 엘부이(El Bulli)의 셰프였다.

엘부이는 페란 아드리아가 선보인 전위적인 요리로 1997년 '미슐랭 가이드'에서 최고 등급인 별 세 개를 받았으며, 2006년부터 4년 연속으로 세계 최고의 레스토랑 1위에 선정되었고, 세계에서 가장 예약하기 힘든 레스토랑으로 그 명성을 떨쳤다. 아쉽게도 이 레스토랑은 2011년에 문을 닫았고, 2014년에 새로이 엘부이 재단을 설립했다.

엘부이를 유명하게 만든 조리법 중 하나는 식자재로 만든 거품, 즉 에스푸마(espuma)이다. 에스푸마는 페란 아드리아가 생크림이나 달걀 흰자를 거품낸 무스에서 힌트를 얻어 고안한 기술이다. 아산화질소가 충전되도록 개량한 소다 제조기에 식자재를 넣고 쏘면 식자재가 거품이 되어 나온다. 이 조리기구는 공기의 힘만 가해도 재료를 거품으로 만들 수 있기 때문에 일반적으로 거품이 나지 않는 식자재, 이를테면 완두콩이나 허브를 거품으로 만들어 올린 요리를 선보일 수 있게 되었다. 이것은 하나의 식자재가 새로운 조리기구에 의해 어떤 색다른 식감이 나는 요리로 탄생할 수 있는지를 보여주는 한 사례이다.

또한 엘부이에서 웰컴 드링크로 제공하던 진피즈(gin fizz)도 드라이진에 레몬주스를 넣고 소다수를 부어 만드는 일반적인 레시피와 다르게 두 부분으로 층이 나뉘어서 아래는 프로즌 진피즈이고, 위는 아래와 베이스가 같은 에스푸마 진피즈로 된 것이었다. 이처럼 새로운 도구와 기술을 사용해서 새로운 요리를 만들고자 시도한 것이 페란 아드리아였다.

요리에 도입된 포스트모더니즘

엘부이에서 페란 아드리아가 만들어 식탁에 오르는 참신한 요리에는 모두 탈구축(deconstruction)이라는 개념이 담겨 있었다. 건축이나 문학 비평에 자주 등장하는 용어인 탈구축은 '고전 요리와 전통 요리의 레시피, 재료를 철저히 해체한 뒤 다시 조합해서 과거와 전혀 다른 새로운 것을 만들어낸다'는 의미로 쓰인다.

엘부이의 요리는 무엇보다 그 참신함에 시선을 빼앗기기 쉽지만 가장 먼저 시선을 돌려야 할 곳은 요리 이면에 숨어 있는 근대 요리 철학이다. 그것은 '기존 요리에 대한 고정관념을 깨뜨리고 요리의 각 요소를 달리 조합함으로써 새로운 가능성을 재구축하여 제시한다'는 포스트모더니즘 사상이다. 이러한 철학적 사상을 요리의 세계에 처음으로 도입했다는 점에서 세계가 페란 아드리아를 크게 주목하는 것이다.

◐새로운 요리 개발을 위한 과학기술의 도입

현대 예술가로서의 페란 아드리아

엘부이는 "사람의 오감을 모두 자극하며 '사람의 뇌를 깜짝 놀라게 하는' 요리"를 표방했다. 이렇듯 기발한 요리를 만들기 위해 페란 아드리아는 이전의 조리기구와 요리법에 부족함을 느끼고 여태껏 사용되지 않았던 조리도구와 방법을 끌어다 쓰기 시작했다.

그는 플라스크나 스포이트처럼 실험실에서나 볼 수 있는 도구와 소다사이펀, 감압기 등 최첨단 기기를 활용하여 식자재를 갈거나 그것을 거품으로 만들었다. 그렇게 해서 맛과 향을 잃지 않고도 위에 부담을 주지 않는 메뉴를 잇달아 창안했다.

이런 도구와 기술이 실험실에서 엘부이의 주방으로 옮겨와 있으니 많은 사람의 눈에는 그의 요리가 '과학적으로' 보였을 것이다. 그러나 현대 예술의 세계에서도 새로운 소재나 참신한 표현 방법을 동원해서 창작하는 사례는 많이 있다. 기술 개발에 '실험적인' 방법을 이용한 것은 분명하지만 그렇다고 그것이 과학이냐 아니냐를 논하는 것은 별개의 이야기이다.

엘부이에 관해 나온 방대한 문헌과 서적 그리고 관련 영상이나 인터뷰 기사 등을 보면, 페란 아드리아는 창의적이고 예술적인 요리를 만드는 데에는 막대한 에너지를 쏟아붓지만 그 요리 과정에 숨은 원리나 현상을 연구하는 데에는 관심이 없어 보인다.

엘부이의 요리는 식자재를 모독한다?

엘부이의 기발한 요리를 두고 찬반양론이 팽팽하다 못해 식자재를 모독한다는 비판까지 있었던 모양이다. 음식은 몸으로 들어가는 것이니만큼 보수적인 면을 강하게 드러내는 것은 어쩌면 당연한 반응일지도 모른다. 그러나 페란 아드리아는 요리 평론가인 야마모토 마스히로와의 인터뷰에서 이렇게 밝힌 바 있다.

> 와인을 보세요. 포도라는 주재료를 가공하여 숙성시키면서도 포도 그 자체보다 한층 깊고 세련된 맛을 이끌어내고 있지 않습니까? 감귤류로 셔벗을 만들 때도 마찬가지입니다. 이베리코 돼지고기로

만든 생햄 역시 가공과 숙성 과정을 통해서 생각지도 못한 원재료의 맛을 살리고 있습니다. 중요한 점은 오직 하나, 한 차원 높은 경지로 재료의 맛을 끌어올리는 것입니다.

(야마모토 마스히로, 《엘부이 상상도 할 수 없는 맛》, 2002)

여기서 떠오른 이 셰프의 이미지는 모든 수단을 동원해서 그 누구도 모를 재료의 잠재된 매력을 들춰내고 그것을 식탁이라는 무대에 올려 결국 갈채를 이끌어내는 연출가라는 이미지이다.

페란 아드리아는 뒤에 서술하게 될 분자 가스트로노미의 선구자로 여러 매체에 자주 소개되는 인물이다. 그러나 그의 요리는 분자 가스트로노미라는 말보다 현대 예술(모던 아트) 같은 뉘앙스의 모던 퀴진(modern cuisine, 현대 요리)이라는 말로 형용하는 쪽이 훨씬 더 적절해 보인다.

칼럼 ❶ 페란 아드리아가 요리업계에 일으킨 세 가지 혁명

페란 아드리아는 독창적인 요리를 만들고 여러 가지 새로운 조리법을 개발했다는 점에서 높이 평가받는 셰프이다. 그러나 그가 요리업계에 가져다준 엄청난 충격은 사실 다른 데에 있는데 그것을 집약하면 다음 세 가지로 나눌 수 있다.

1. 구태의연한 서열 관계가 존재하는 요리업계에서 레시피뿐 아니라 새

로운 조리법을 포함한 모든 정보를 공개하는 이례적인 시스템을 구축했다.
2. 창의적인 요리는 팀에 의해 만들어진다는 것을 몸소 증명해 보임으로써 이름 없는 수많은 젊은 요리사에게 희망을 안겨주었다.
3. 21세기 요리를 발전시키려면 요리와 과학의 융합처럼 다른 분야와의 협업이 반드시 필요한 일이라고 역설했다.

1에 나타난 엘부이의 특징을 보면, 그가 독자적으로 개발한 레시피를 숨기려 하지 않고 다른 요리사들에게 가르쳐주거나 그들과 공유함으로써 요리를 더욱 진화시키겠다는 의도가 읽힌다. '레시피의 오픈소스화'이다. 실제로 엘부이의 레시피 모음은 여러 권의 책으로 출판되었고 레시피를 고안할 때 아이디어를 이끌어내는 요령도 책에 자세히 설명되어 있다.

2에 나타난 팀으로 일하기는 〈엘부이의 비밀 - 세계에서 가장 예약하기 힘든 레스토랑〉이란 영상물을 보면 잘 알 수 있다. 페란 아드리아를 동경하여 세계 각지에서 재능 있는 다양한 국적의 사람들이 엘부이에서 일하기 위해 몰려든다. 경쟁률이 아주 높아 5,000명이 넘는 지원자 중 신입 스태프로 선발되는 사람은 단 35명뿐이다. 이렇게 해서 뽑힌 스태프들과 함께 시행착오를 거듭하며 새로운 메뉴를 개발한다.

3에 나타난 다른 분야와의 협업을 통한 조리기술 개발도 그동안 그가 내놓은 이제껏 아무도 본 적이 없는 요리를 살펴보면 참신한 방법을 써서 주력하고 있음이 여실히 드러난다.

그가 오픈소스화, 집단 지식, 다른 분야와의 협업을 실천함으로써 개발한 메뉴는 요리업계에 혁명을 일으켰다. 수많은 요리사와 레스토랑 관계자 사이에 큰 바람이 불었다. 오늘날에도 엘부이에서 수련한 셰프가 운영하는 식당들이 세계 최고의 레스토랑으로 뽑히는 것은 이러한 그의 철학이 짙게 배어 있기 때문일 것이다.

연구자의 관점에서 보면 그가 위의 1~3을 요리업계에 도입한 방식은 과학계에서 벌이는 방식과 비슷하다. 연구 성과와 연구 방법을 논문으로 정리하고 누구나 열람 가능하도록 웹 사이트 등에 공개하며 학제 간 협업을 통해 자신이 잘 모르는 분야를 보완하면서 팀으로 일하는 방식은 현대 과학에서도 매우 중요한 방식이다. 또한 유명 연구실에 몰려든 포스트닥(박사 학위를 딴 뒤 상근 연구원이 되지 않은 연구자)이 서로가 서로에게 자극을 받아 실력을 다져나가는 구조도 엘부이의 분위기와 유사하다.

비단 과학계뿐만 아니라 IT나 제조업 등 다양한 업종에서도 오픈화, 공동 작업, 다른 업종 간 교류가 나날이 중요해지는 가운데, 이러한 21세기의 업무 방식을 요리업계에 가장 빨리 들여온 사람 중 하나가 페란 아드리아가 아닌가 싶다.

과학자가 요리를 만날 때

하버드의 열정 '요리' 교실

교육의 도구가 된 요리

2011년 〈아사히신문〉 '글로브' 제59호에 '요리와 과학이 만날 때'라는 제목으로 요리와 과학의 접목을 다룬 특집기사가 다섯 면에 걸쳐 실린 적이 있었다. 그 첫머리를 장식한 내용은 하버드대학에서 응용수학을 전공한 마이클 브레너 교수의 강의 '과학과 요리(Science & Cooking)'에 관한 것이었다. 강의 첫날, 300명가량 되는 정원보다 두 배가 넘는 학생들이 몰려드는 바람에 사람들로 빼곡한 강의실 풍경이 먼저 소개되었다.

응용물리학을 전공한 데이비드 와이츠 교수는 스테이크를 굽는 정도에 따라서 고기 내부가 어떻게 변하는지 알아보는 실험을 했다. 레어나 미디엄 등 구운 정도가 서로 다른 스테이크에 추를 올려놓고 고기가 얼마나 눌리는지 비교했다.

와이츠 교수는 구운 정도에 따라서 고기의 탄력성이 달라진다는 것을 용수철 운동에 비유해서 설명했다. 고기의 탄력성은 단백질분자의 결합 밀도와 관련되어 있기 때문에 분자 간 거리가 멀어지면 밀도는 낮아지고 분자 간 거리가 가까워지면 밀도는 높아져 육질이 단단해진다.

또 그는 소스를 조리거나 젤리를 만들 때 각각의 열전도, 점성, 탄력성을 수식으로 나타내며 우리가 일상적으로 접하는 요리를 물리와 수학의 법칙으로 풀어냈다. 수학자와 물리학자가 요리를 '파헤치면' 이런 일이 벌어진다.

〈아사히신문〉 기사에서 와이츠 교수는 "어떻게 하면 학생들에게 재미있게 과학을 전달할 수 있을지가 오랜 과제였는데 이렇게 하니 반응이 컸다"고 말했다. 그는 요리를 도구로 삼아 응용물리학과 공학의 기본적인 원칙을 학생들에게 강의한 것이다.

교단에 선 일류 셰프와 파티시에

페란 아드리아를 비롯한 수많은 유명 셰프들도 하버드대학 강단에 서서 과학과 요리를 가르치고 있다.

2013년 세계 최고의 레스토랑 1위에 뽑힌 스페인 '엘 세예르 데 칸 로카(El Celler de Can Roca)'의 셰프인 조안 로카, 파티시에인 조르디 로카 형제, 미슐랭 가이드에서 별 두 개를 받은 뉴욕 레스토랑 '모모후쿠(Momofuku)'의 오너 셰프인 데이비드 창, 초콜릿계의 대표적인 크리에이터인 스페인 바르셀로나의 엔리크 로비라 등이 강단에 섰다.

과학과 요리에 관한 일련의 강의는 2010년부터 해마다 시작되고 있으며 해를 거듭할수록 관심도가 높아가고 있다. 지난 강의는 웹 사이트에 올라와 있어서 누구나 쉽게 무료로 열람할 수 있다.

분자 가스트로노미의 아버지, 에르베 티스

1992년 이탈리아 시칠리아 섬에서

파리에 있는 프랑스 국립농업연구소의 연구원 에르베 티스는 조리 과정에서 일어나는 음식의 물리화학적 측면에 대한 연구로 이름이 나 있는 화학자이다.

1992년에 에르베 티스는 물리학자인 니콜라스 쿠르티와 함께 제1회 분자 물리 가스트로노미에 관한 국제 워크숍을 이탈리아 시칠리아 섬 에리체에서 개최했다. 그때 그가 처음으로 분자 가스트로노미(molecular gastronomy)라는 이름을 생각해냈다.

분자는 화학적 · 물리적인 것을 가리키며 분자 가스트로노미에는 분자의 관점에서 가스트로노미(미식학)를 연구한다는 의미가 담겨 있다. 따라서 분자 가스트로노미란 과학적인 수단을 통해서 새로운 요리를 만드는 것이 아니라 "조리 과정에서 발생하는 현상의 메커니즘을 탐구하는 것"이라고 에르베 티스가 밝혔다. 그의 관심은 현존하는 '맛있는 요리에 숨은 규칙을 과학적으로 분석'하는 데에 있었다.

분자 가스트로노미와 기존 식품과학의 차이

분자 가스트로노미는 현재의 식품과학과 무엇이 다를까. 그것은 '역사 문제'에 있다고 에르베 티스는 말한다.

1988년 그가 분자 가스트로노미를 제시한 당시의 식품과학은 식품 성분의 화학적 구성과 식품 개발 기술에 무게를 두고 있었다. 그러나 그는 당근의 화학적 조성 자체에는 전혀 관심이 없었고 당근이 조리 과정을 통해 변해가는 현상을 과학적으로 분석하기 시작했다.

물론 식품과학이 조리 과정에서 발생하는 현상의 메커니즘을 꼭 밝혀야 하는 것은 아니다. 그러나 분자 가스트로노미는 식품과학의 부분집합에 속하기에 식품과학의 한 분야로 인식하는 것이 옳다고 에르베 티스는 밝힌다. 다시 말해서 먹을거리를 연구하는 학문 가운데서 특히 조리 과정을 과학적으로 분석해 음식을 연구하는 분야가 분자 가스트로노미라고 할 수 있다.

식품과학이 식품 원료를 중시한다면 분자 가스트로노미는 요리를 중시하는 듯하다. 또한 분자 가스트로노미는 음식을 단순히 먹는다는 차원을 넘어서 얼마나 맛있게 만드는가에 무게를 두고 연구하는 학문이다. 식품과학이 식품 관련 산업과 기업의 주도로 이루어지는 분야인

데 비해 분자 가스트로노미와 조리과학은 레스토랑과 개인 차원에서 이루어지는 분야라고 볼 수 있다.

◐ 교토 요리의 도전 – 농예화학과 가스트로노미의 융합

2012년, 일본 교토에서

2012년 3월 말 교토의 한 회의장은 일본 농예화학회가 주관한 심포지엄으로 그 열기가 대단했다. '교토 요리의 도전: 농예화학과 가스트로노미의 융합'이라는 매혹적인 주제로 사이언스카페 심포지엄이 열린 것이다.

심포지엄은 크게 1부와 2부로 나뉘어 진행됐다. 1부에서는 '일본 요리 아카데미'를 설립한 교토 요리사들과 교토대학을 중심으로 한 연구실 소속 연구원들이 일본 요리를 혁신적으로 발전시키고자 만든 공동 프로젝트인 '일본 요리 실험실'에서 연구한 성과를 발표했다. 2부에서는 그들이 실제로 협력해서 만든 실험적인 요리를 해설하고 참가자들로 하여금 시식하도록 했다.

참가자들의 관심은 역시 실험적인 요리의 시식에 쏠려 있었다. 총 8명의 교토 요리사가 저마다 참신한 요리를 선보였는데 자신들이 만든 요리에 관해서 그 원리를 포함해서 자세하게 발표했다. 소개된 요리를 음식점-요리사-요리 내용 순으로 살펴보면 이렇다.

슈하쿠의 요시다 노부히사는 동물성 국물에 다시마와 야채즙을 배합해서 원래 거품이나 찌꺼기가 생기던 동물성 맛국물을 '말갛게 해냈다'.

기쿠노이의 무라타 요시히로는 대구 이리(수컷 물고기의 생식소)와 두유에 간수를 넣고 열을 가해 '응고'시킴으로써 서로 다른 재료의 응고단백질로 복합적인 풍미와 식감을 만들어냈다.

효테이의 다카하시 요시히로는 송어와 유채꽃을 한천으로 차게 굳힌 다음, 유자된장 페이스트 위에 굳힌 한천을 얹고 그 위에 엽차와 고추를 섞어 넣은 기름을 둘러서 '시간차'를 두고 다양한 풍미가 우러나게 했다.

치쿠린의 시모구치 히데키는 은어 소금구이를 '액체질소'로 급속 동결하여 믹서로 균일하게 가루를 낸 다음, 스시밥 위에 그 가루를 얹고 여뀌 페이스트를 곁들여 스시 식초를 끼얹어 내놓았다.

다케시게로의 사타케 요지는 맨 아래층부터 두유, 도미수프, 토마토수프, 성게수프, 산초나무 어린잎된장을 각각 다른 방법으로 '굳혀서' 5층 젤리를 만들었다.

단쿠마기타미세의 구리스 마사히로는 입 안에서 '풍미의 시간차'를 일으키는 3층 구조로 된 자완무시(일본식 달걀찜)를 내놓았다.

기노부의 다카하시 다쿠지는 순무와 교토당근을 야채 고유의 풍미를 해치지 않으면서 야채의 단맛을 '나누어냈다'.

일자상전 나카무라의 나카무라 모토가즈는 뎃파에의 풍미에 시차를 느끼게 하는 '다차원의 맛'을 제시했다.

나카무라 모토가즈가 만든 뎃파에란 가가와 현에 전해 내려오는 겨

자초된장무침을 말한다. 나카무라는 겨자초된장의 무침 양념과 재료의 풍미 지속 시간을 재어보니 입에 넣은 뒤 3초가량 있다가 흰 된장의 풍미가 나고 신맛, 매운맛이 난 다음 약한 신맛이 그 뒤를 끌어준다는 것을 알게 되었다. 그래서 다양한 응고제를 활용하여 시도한 결과, 흰 된장은 바로 맛이 느껴지도록 거품으로 만들고, 초는 맛이 짧게 끊어지도록 젤리로, 겨자는 오래 지속되도록 한천으로 굳혔더니 왜겨자와 초의 풍미에 덮여버리던 흰 된장의 향과 감칠맛을 느낄 수 있게 되었다. 즉 무침 양념의 풍미에 시간차를 두어서 '다차원의 맛'을 표현한 것이다.

시식 후에 8명의 요리사들이 한자리에 모인 질의응답 시간에는 이 스타 셰프들에게 일제히 카메라 플래시 세례가 쏟아졌다.

맛을 추구하는 성실함

나카무라가 심포지엄에서 발표한 내용은 매우 인상적이었다.

"어떤 새로운 기술을 사용하든 손님이 맛있게 먹지 않으면 아무 의미가 없습니다. 손님이 '이 음식 맛있네요. 어떻게 만들어요?' 하고 물었을 때에야 '실은 이러저러한 과학기술로 만들었습니다' 하고 밝히는 것이지 손님이 음식을 들기도 전에 새로운 과학적 조리법을 운운하면서 설명을 앞세우는 것은 촌스러운 짓입니다."

나는 간혹 실험적인 요리라고 하면 수저를 들기도 전에 무슨 대단한 과학기술이라도 사용한 양 장황한 해설부터 듣게 되는 것은 아닌지 걱정스러울 때가 있었다. 그러나 요리는 맛이라는 대전제가 깔려 있지 않으면 굳이 레스토랑에 가서 돈을 내고 사 먹을 이유가 없다. 또 요리사가 기술을 너무 앞세우면 손님은 안중에 없이 자기 혼자만 만족하는 요리로 전락할지 모른다. 그런데 이 교토 요리가 표방하는 '요리와 과학'은 맛있는 요리를 개발하려고 과학기술을 활용한다는 것이다. 이러한 발상의 전환에는 일본 요리아카데미의 설립 목적이 바탕에 깔려 있는데, 그 목적이란 일본 요리에 대한 다양한 사상을 과학적으로 해석하고 그 개념적 의미까지 재정립해서 궁극적으로는 새로운 요리 개발에 필요한 기반을 조성한다는 것이다.

당연한 이야기겠지만 과학만이 요리를 설명할 수 있는 것은 아니다. 요리란 맛과 모양, 장소에 따른 분위기 등 여러 가지 요소가 어우러진 종합예술이기에 가장 중요한 것은 두말할 것 없이 요리사의 기술과 감성이다. 과학은 요리에서 하나의 조미료일 뿐이다.

칼럼 ❷ 과학에 정통한 셰프, 헤스톤 블루멘탈

영국의 요리사인 헤스톤 블루멘탈은 엘부이의 페란 아드리아와 더불어

과학적인 조리법으로 정평이 나 있다.

블루멘탈은 런던 서쪽의 버크셔 주에 있는 레스토랑 '팻덕(The Fat Duck)'의 셰프이다. 팻덕은 2004년 미슐랭 가이드에서 별 세 개를 받은 곳이자 2005년 세계 최고의 레스토랑 1위에 선정된 곳이다.

블루멘탈과 아드리아의 공통점은 둘 다 참신한 조리법을 마음껏 구사해서 메뉴를 개발한다는 것이지만, 내가 특별히 주목한 차이점은 블루멘탈의 과학에 대한 관심과 기여도 측면이다. 블루멘탈은 요리사임에도 불구하고 대학교수들과 공동으로 연구하여 조리과학 논문을 발표했을 뿐 아니라 조리를 접근하는 방식이 과학적임을 인정받고 여러 대학으로부터 명예학위를 받았다.

또 새로운 요리를 개발하는 장소에 대해 아드리아가 '아틀리에'라고 부르는 것과 달리 블루멘탈은 '실험실'이라고 부르는 것을 보면 그의 요리가 예술보다는 과학에 가깝다는 것을 알 수 있다. 아드리아의 고향인 스페인의 카탈루냐 지방이 가우디와 피카소를 낳은 '예술의 고장'인 데 견주어 블루멘탈의 고향인 잉글랜드는 패러데이와 뉴턴을 낳은 '과학의 고장'이라는 사실에서도 서로 다른 요리의 정수가 느껴지는 듯하다.

블루멘탈의 요리를 특징짓는 키워드 중에 '다감각 요리'라는 말이 있다. 음식 본래의 풍미를 느끼는 데에는 미각과 후각이 필요 불가결한 요소이지만 여기에 더해 다른 다양한 감각이 맛에 영향을 미친다는 것이다. 그 대표적인 예가 'Sound of the Sea(바다의 음색)'라는 요리이다.

이것은 청각이 어떻게 풍미에 영향을 미치는지 과학적인 연구에 연구를 거듭하여 만든 특별한 요리로 주재료가 굴, 대합, 홍합, 해조류 따위 해산

물이며 아이팟(ipod)과 함께 제공된다. 손님으로 하여금 아이팟으로 파도 소리를 들으면서 해산물요리를 맛보게 한다는 '도전적인' 요리이다. 겉으로만 보면 의외성이나 화제성을 노린 요리 같다는 느낌을 받을 것이다. 하지만 실제 귀로 파도 소리를 들으면서 입으로 음식을 먹는다면 얼마나 다양한 감각을 통해 그 맛이 느껴지는가를 직접 체험할 수 있을 것이다. 맛있는 요리를 만들기 위해서 수많은 실험과 과학적 근거에 입각해 궁리를 거듭하는 헤스톤 블루멘탈이야말로 과학에 매우 정통한 요리사라고 할 수 있을 것이다.

3 요리와 과학의 미래

분자 가스트로노미는 죽었다?

분자 가스트로노미 창시자의 고집이 초래한 것

분자 가스트로노미의 두 창시자인 니콜라스 크루티와 에르베 티스는 분자 가스트로노미를 기술이 아닌 과학으로 자리매김하고 이는 새로운 식재료나 도구, 방법 등으로 참신한 요리를 만드는 기술과는 다르다고 계속 주장해왔다.

에르베 티스는 '분자 가스트로노미의 주요 목적은 현상에 내재된 메커니즘을 찾아내는 것으로 과학 지식을 응용하는 것(발명)이 아니라 과학 지식을 생산하는 것(발견)이며, 그것이 아닐 때 요리사는 분자요리를 하고 있을지언정 분자 가스트로노미를 하고 있지는 않다'라고 문헌을 통해서 밝힌 바 있다.

과학자와 요리사는 협력 관계를 이루어 매우 흥미로운 사실을 발견하고 새로운 조리법도 속속 개발했지만 분자 가스트로노미의 창시자들은 과학에만 매달렸다. 요리사들이 분자 가스트로노미 분야에 기여한 바를 높이 평가하지도 않았다. 그 때문에 초기에 협력했던 요리사들이 차츰 등을 돌리게 되었다. 2006년에는 페란 아드리아를 비롯하여 분자 가스트로노미와 연관된 요리에 능숙한 요리사 몇 명이 자신들의 요리에 대한 접근 방식을 두고 분자 가스트로노미라는 단어와는 선을 긋는다는 공동성명을 내놓을 정도였다. 심지어 헤스톤 블루멘탈은 영국 신문인 〈옵저버〉의 인터넷판 기사에서 '분자 가스트로노미는 죽었다(Molecular gastronomy is dead)'라고 단언했다.

이러한 일 때문에 요리사들 가운데에는 분자 가스트로노미라는 단어에 민감한 반응을 보이는 사람이 많다고 한다. 그렇다고 해서 그들이 미래의 새로운 요리 발전에 과학 지식과 새로운 기술이 필요 없다고 생각하는 것은 아니다. 오히려 그것들이 매우 중요하다고 인식하고 있다.

요리의 미래를 과학과 기술이란 측면에서 생각하자

본디 과학과 기술은 그 역사와 내용 면에서 뜻이 서로 다르다. 《고지엔(広辞苑)》(일본어 대사전)에 따르면 과학은 '체계적이며 경험적으로 실증 가능한 지식'이라고 풀이하고, 기술은 '사물을 능숙하게 다루는 재주. 과학 이론을 실제로 적용하여 자연의 사물을 인간생활에 유익하도록 개조 · 가공하는 수단'이라고 풀이한다.

근대까지만 해도 과학과 기술은 서로 다른 분야로서 각자 고유한 범주를 벗어나지 않고 진보해왔다. 그러나 20세기에 들어와서 과학의 원리를 적용한 기술을 군사와 산업에 활용하려는 사람들이 생겨났고 기업이 이를 받아들여 적극적으로 연구 개발하기 시작했다. 그 결과 우리의 생활은 비약적으로 편리해졌다. 이런 활발한 연구 활동으로 말미암아 오늘날에는 과학과 기술을 '자연의 법칙성 분석'과 '그 응용'으로 따로따로 떼어놓고 보기가 점점 어려워지고 있다. 과학과 기술은 서로 방향성이 다르다고 인식하는 것이 중요하긴 하지만 뭔가 혁신을 꾀할 때는 과학과 기술의 힘이 모두 필요하다고 인식하는 것 또한 중요하다. 실제로 과학 활동은 고도의 기술을 이용한 실험이나 관찰법에 더욱더 의존하고 있으며 과학계에서는 새로운 것을 발견했을 때뿐만 아니라 발견을 위한 기술을 개발했을 때에도 적극적으로 노벨상을 주고 있다.

새로운 기술이 새로운 과학적 발견을 가져다주고 새로운 과학적 발견은 새로운 기술을 낳는다. 과학과 기술은 떼려야 뗄 수 없는 이른바 자동차의 바퀴와 같아서 과학 또는 기술의 어느 한쪽 바퀴가 너무 크거나 너무 작으면 균형이 맞지 않아서 둘 다 굴러가지 못한다. 요리의 세계와 과학의 세계, 요리사와 과학자의 관계도 이러한 과학과 기술의 관계와 같다.

새로운 기술로부터 새로운 요리가 나오고 그 새로운 요리로부터 새로운 과학적 발견이 이루어진다. 이제까지 전개된 요리와 과학의 흐름을 돌이켜 보건대 요리사와 과학자가 각자의 고

유한 영역을 존중해주고 공유할 때 요리는 크게 발전해왔다. 서로의 전문성을 존중해주되 영역의 벽을 허물고 상대의 분야를 깊이 이해하려 든다면 요리는 더한층 발전할 것이라고 믿는다.

과학과 기술의 측면에서 분자조리를 재정의하다

sushi도 또한 스시이다

소통 부족이나 의견 충돌은 흔히 개념의 차이에서 비롯된다. 서로가 서로를 이해하는 데 선행되어야 할 중요한 요소로 먼저 말에 대한 정의부터 내려야 할 것이다.

예컨대 일본인이 생각하는 '스시(壽司)'와 외국인이 생각하는 'sushi'가 반드시 일치하는 것은 아니다. 그 때문에 일본인이 해외에서 'sushi'를 보면 놀랍기도 하고 당황스러울 때도 있다. 그러나 일본인이 보기엔 아닌 듯싶어도 현지인이 보기엔 분명 엄연한 스시인 것이다.

마찬가지로 일본이나 미국에서 즐겨 먹는 피자도 본고장 이탈리아에서는 도리질할 수도 있을 것이고, 일본 카레도 인도에서는 이상하다고 할 수도 있을 것이다. 이러한 식문화의 차이, 말의 정의나 뉘앙스의 차이 때문에 의사소통에서 불필요한 오해가 발생하는 경우는 허다하다.

분자 가스트로노미가 더 이상 발전하지 못한 데에는 이 용어에 대한 정의가 명쾌하게 내려지지 않았다는 점도 한몫을 하는 듯하다. 요리사와 과학자 사이에 분자 가스트로노미에 대한 개념 정의를 놓고 견해가

엇갈린 것이다. 요리와 과학의 미래를 고찰함에 있어 이미 너무나 많은 의미로 쓰이는 분자 가스트로노미라는 단어는 일단 제쳐놓고 분자조리라는 용어를 어떻게 정의했는지부터 살펴보기로 하자.

조리와 요리의 차이

먼저 우리가 자주 사용하는 조리와 요리의 차이를 알아보자. 조리사와 요리사의 어감 차이에서 짐작할 수 있듯이 조리사는 공인된 자격을 지닌 직업인의 느낌을 주고 요리사는 좀 더 유연한 느낌을 준다.

조리는 맞추어(調) 처리하는 것(理), 즉 식품을 맛있게 바로 먹을 수 있도록 만드는 과정을 말한다. 한편 요리는 음식을 만드는 것 또는 그 음식을 가리킨다. 일반적으로 조리와 요리의 관계는 이렇게 볼 수 있다.

식재료 → 조리 → 요리

즉 좁은 의미에서 조리학은 요리를 만드는 과정을 고찰하는 학문이고 요리학은 그 완성된 요리를 연구하는 학문이다. 식재료를 주요 대상으로 연구하는 학문은 식품학이다. 그러나 넓은 의미에서 조리학은 요리의 바탕이 되는 식재료, 조리라고 하는 조작, 그리고 완성된 요리를 모두 연구 영역으로 삼는다.

분자조리'학'과 분자조리'법'

그럼, '분자조리'에서 분자는 어떻게 정의할까?

고베가쿠인대학의 이케다 기요카즈 교수가 쓴 《식품조리기능학》에 따르면, 분자조리학이란 음식을 조리하여 맛있게 먹는 과정에서 일어나는 현상을 분자 수준으로 분석하는 학문이라고 정의하고 있다. 또 맛에는 다양한 요소가 영향을 미치는데, 그 요소들이 일으키는 양적인 변화와 질적인 변화를, 즉 식재료 고유의 분자적 특성과 이 특성이 조리 과정을 거치면서 어떻게 변하는지를 조사하는 것이 중요하다고 설명하고 있다.

이는 에르베 티스가 내린 정의와 마찬가지로 과학에 무게중심을 둔 정의인데, 나는 분자조리라는 용어를 그림 1-1처럼 과학과 기술 두 가지 측면에서 정의할 수 있지 않을까 한다.

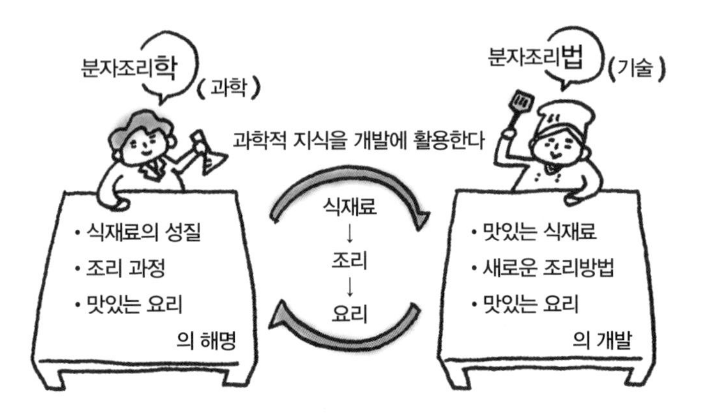

| 그림 1-1 '분자조리'의 정의 |

즉 분자조리학은 식재료→조리→요리 과정에서 식재료의 성질과 조리하는 동안 일어나는 변화, 그리고 맛있는 요리의 요인 등을 분자 수준까지 분석하는 '과학'이라고 정의할 수 있다. 이것을 연구 · 개발의 범주에서 보면 요소환원주의적인 연구에 속하고 기초 · 응용의 범주에서 보면 기초연구에 속한다. 분자조리학의 연구 방법은 거시(macro)로부터 미시(micro)를 이끌어내는 분석적 방법이다.

이에 견주어서 분자조리법은 분자의 원리에 입각해서 맛있는 식재료와 새로운 조리 방법, 그리고 맛있는 요리를 개발해나가는 '기술'이라고 정의할 수 있다. 이것을 연구 · 개발의 범주에서 보면 복잡계인 개발 분야에 속하고 기초 · 응용의 범주에서 보면 당연히 응용연구에 속한다. 분자조리법의 연구 방법은 미시를 토대로 거시를 추론하는 종합적 방법이다.

분자조리학과 분자조리법은 서로 연관을 맺으면서 과학인 분자조리학에 의해 발견된 과학 지식을 기술인 분자조리법에 응용하고 반대로 분자조리법에 의해 새로워진 기술을 분자조리학에 접목, 새로운 지식을 이끌어내는 식으로 자극제가 되어 함께 활성화된다.

어떤 의미에서는 이 둘을 과학과 기술이 융합된 의학에도 빗댈 수 있다. 분자조리학은 질병의 원인을 찾아내는 기초의학에, 분자조리법은 그 질병을 치료하는 임상의학에 해당할 것이다.

분자조리로 할 수 있는 것

무라타 요시히로의 분자조리에 관한 일화

앞서 언급한 〈아사히신문〉 '글로브'에 실린 기쿠노이 식당의 무라타 요시히로 기사를 읽어보니, 거기에 소개된 일화가 무척 인상 깊었다.

무라타는 각 나라에서 한창 활동하는 요리사들에게 일본 요리는 '전통을 중시하고 계절감을 살리는 것'이라고 정석대로 설명해주어도 그들에게는 그 뜻이 모호해서 와 닿지 않는 이야기였기에 일본 요리를 '왜 그렇게 하는지' 납득시킬 만한 과학적이고 논리적인 근거가 필요하다고 느꼈다. 그러던 중 2002년에 그 기회가 찾아왔다. 대학 소속 연구원들이 교토 요리의 핵심인 다시마국물을 주제로 실험한 결과 '다시마의 글루타민산을 최대한 추출하려면 60℃를 유지하면서 1시간 동안 가열하는 것이 좋다'고 밝혀낸 것이다.

이와 달리 일반적으로 다시마를 우리는 방식은 가열 온도가 20℃부터 80℃까지 제각기 다르고, 먼저 찬물에 다시마를 넣고 끓이다가 물이 끓어오르기 직전에 다시마를 꺼낸 다음 말린 가다랑어포(가쓰오부시)를 넣고 다시 끓어오르면 불을 끄는 식이었다. 이것은 대대로 이어 내려온 방식이기에 원래 그렇게 하는 것이려니 하고 아무도 의심하지 않았다. 그러나 다시마를 넣고 60℃에서 1시간 동안 계속 가열하다 물 온도가

85℃에 이르면 불을 끄고 가다랑어포를 넣은 다음 가다랑어포가 가라앉았을 때 바로 건져냈더니 훨씬 좋은 결과가 나온 것이다. 더 나은 방법을 알게 된 무라타는 곧바로 실행에 옮겼다.

이것이 바로 요리와 과학의 좋은 만남이 아닐까. 요리사가 분자조리학의 과학이라는 필터를 새로이 거머쥐게 되었으니 앞으로 요리는 더욱더 맛있게 진보, 발전해나갈 수 있을 것이다.

온고지신, 그리고 그 너머로

유사 이래 인류는 먹을거리를 구하고 그것을 조리해서 먹으며 살아왔다. 선인의 지혜와 경험이 우러난 다양한 요리는 오늘날에도 전해 내려오고 있다. 이 요리에 숨은 원리를 분자 수준으로 분석할 수 있다면 수많은 분자조리학의 법칙이 밝혀질 것이다. 그러면 옛것을 익혀서 새것을 안다고 했듯이 분자조리학의 법칙을 밝혀서 분자조리법으로써 응용할 수 있게 된다.

또 기존의 전통적인 조리 방법에 숨어 있는 온고지신을 과학적 시선으로 파헤쳐보면 계승할 만한 가치가 있음을 확인하는 기회가 될 수도 있고 그것이 언제나 통용되는 것은 아니라는 것도 알게 될 것이다. 그 예로 영국 브리스톨대학의 피터 바함 교수가 이른바 '주방의 신화'를 과학적으로 검증하려 했다. 녹색 채소를 데칠 때 소금을 넣으면 좋은 이유가 색깔이 더욱 선명해지고 물이 훨씬 빨리 끓기 때문이라고 알려져 있는데, 여기에 대해 과학적 관점에서 의문을 던진 것이다.

분자조리학을 활용하면 예로부터 전해 내려온 조리 방법이 맞다고 과학적으로 증명되는 경우도 있고 특정한 사례에만 들어맞는다고 확인되는 경우도 있다. 앞으로 객관적인 관점에서 조리 방법을 다시 검증하는 과정을 통해 음식의 맛이 더욱 좋아지리라고 기대해본다.

미시와 거시의 선순환

과학과 기술은 서로 영향을 주고받는다. 분자조리학의 원리를 바탕으로 맛있는 요리가 탄생하고, 한발 더 나아가 그 새로운 요리에 숨은 원리를 과학적으로 밝혀내면 다시 새로운 요리의 개발로 이어지는 순환 과정을 밟는다. 미시와 거시의 잣대로 말하자면, 식재료의 분자 특성을 파악하여 그것을 실제 요리로 재현하고 직접 먹어본 경험까지 토대로 다시 분자의 특성을 고찰하는 식으로 미시→거시→미시 흐름이 반복되는 것이다. 이 선순환 구조가 형성되면 요리의 기초와 응용을 모두 연마할 수 있다. 아이스크림을 예로 들어보자.

먼저 거시로부터 미시라는 관점에서 살펴보자면 아이스크림은 본래의 풍미와 깊은 뒷맛도 그렇지만 뭐니 뭐니 해도 혀끝에 닿는 감촉이 중요하다. 입에 살살 녹는 부드러운 맛은 아이스크림에서 빼놓을 수 없는 매력이다. 특히 유지방이 많고 진한 프리미엄 아이스크림이 유독 맛있는 이유 중 하나가 바로 미끄러지는 듯한 혀끝의 감촉인데, 이 아이스크림을 현미경으로 들여다보면 아이스크림에 들어 있는 얼음 결정이 작다는 것을 알 수 있다. 아이스크림의 부드러운 맛은 아이스크림 조직 속 얼음 결정의 크기와 밀접한 관계가 있다. 얼음 결정의 크기에 따라서 혀 끝에 느껴지는 감촉이 얼마나 다른지 알아보았더니 현미경으로 들여다본 얼음 결정의 크기가 35㎛ 미만이면 매우 부드러운 아이스크림, 35~55㎛이면 부드러운 아이스크림, 55㎛ 이상이면 껄끄러운 아이스크림이었다.

이처럼 거시적인 현상으로부터 미시적인 요소를 발견하는 기초연구의 접근 방식으로 아이스크림의 맛을 분자 수준으로 연구하는 것이 분자조리이고, 이것이 곧 분자조리학의 특징이다.

다음으로는 미시로부터 거시라는 관점에서 살펴보자. 분자 수준으로 분석한 내용을 토대로 얼음 결정이 작을수록 아이스크림의 질감이 더 부드럽고 맛있다는 것을 알았으니 얼음의 결정화(結晶化)를 억제하고 결빙 시간을 단축시킬 만한 기술을 고안하고 싶을 것이다. 현재로서는 액체질소 사용이 결빙 시간을 줄이는 데 최선의 방법이므로 액체질소를 넣어 순간적으로 얼리면 혀끝에 부드럽게 감도는 맛있는 아이스크림이 만들어진다.

이처럼 미시적인 요소로부터 거시적인 것을 도출하는 방식으로 맛의 원리에 입각해 가장 적합한 수단을 사용하여 요리에 응용하고 새로운 요리를 개발하는 것이 분자조리이며, 이것이 곧 분자조리법이다.

전자인 거시로부터 미시라는 접근 방식으로 맛있는 요리를 분자 수준으로 파헤치는 것은 과학이고, 후자인 미시로부터 거시라는 접근 방식으로 분자 수준으로 알아낸 원리를 응용해서 맛있는 요리를 만드는 것은 기술이다.

칼럼 ❸ 요리식(料理式)에 의한 요리 분류와 요리 발명

생물학의 기본은 생물을 분류하는 것이다. 종 · 속 · 과 · 목 · 강 · 문 · 계라는 질서 정연한 체계에 따른 분류가 확립되어 있다. 분류는 개념을 정리하거나 정의하는 데 효과적인 방법이어서 조리학 분야에서도 요리에 대한 분류를 시도하고 있다.

동서고금을 막론한 요리책에서부터 '쿡패드' 같은 레시피 웹 사이트에 이르기까지 다양한 개념에 의거한 분류와 체계화가 진행되고 있다. 일테면 식품의 재료나 조리조작에 따른 분류, 주식 · 주채 · 부채와 같이 영양식단에 따른 분류, 세계 각국의 이색 요리에 따른 지리적인 분류, 전통적인 고전 요리에서 참신한 현대 요리까지 시대에 따른 분류 등이다.

20세기 말부터는 분자 수준으로 유전자를 연구하는 분자유전학적 관점이 생물학 분류에 도입됨으로써 많은 분류군을 근본적으로 재검토해야 할 상황이다. 게다가 21세기에 들어와서는 생물종 간에 뚜렷하게 차이가 나는 DNA 염기서열을 식별하는 지표인 DNA바코드를 이용해 각각의 종(種)을 빠르고 정확하게 분류하기 시작했다.

이런 분자 지표가 요리분류학의 세계에도 차츰 도입되고 있다. 요리식(料理式)이라고 하는 것으로서 분자 가스트로노미의 창시자인 에르베 티스가 고안해낸 것이다.

그는 먼저 프랑스의 중요한 역대 요리책들을 샅샅이 찾아 읽고 프랑스 요리의 심장이라고도 할 수 있는 전통적인 소스 350종을 직접 하나하나 만들어보았다. 그리고 나서 현미경으로 분자의 상태를 조사하여 23개의 카테고리로 분류했다. 그 결과 모든 요리는 두 가지 요소에 의해서 물리화학식으로 나타낼 수 있다고 발표했다.

그 두 가지 요소는 다음과 같다.

- 1.식재료의 상태

  G(gas): 기체, W(water): 액체, O(oil): 유지, S(solid): 고체

- 2. 분자의 활동 상태

  /: 분산, +: 병존, ⊃: 포함, σ: 중층

이처럼 각각 4개로 구성된 두 요소를 조합하면 모든 식재료와 요리의 성분을 설명할 수 있다. 예를 들어 거품기로 젓기 전의 생크림은 물속에 유지가 흩어져 있는 상태이므로 식으로 나타내면 이렇다.

O / W (유지 분산 물)

생크림을 거품 내는 조리법은 유지에 공기가 침투하는 것이므로 유지(O)에 공기(G)를 더해서(+), 그 공기와 섞인 유지가 물속에 흩어져 있는(/) 상태가 된다. 이것을 식으로 나타내면 다음과 같다.

(O + G) / W (유지 병존 공기 분산 물)

모든 요리를 이렇게 요리식으로 나타냄으로써 이제까지 등장한 분류법과

는 전혀 다른 관점에서 요리를 분류하고 여기서 더 나아가 계통적으로 정리하면 요리의 새로운 체계화가 가능할지도 모른다. '요리의 계통수(系統樹)'를 살펴보면 요리와 요리 간 의외의 공통점과 요리의 진화 과정이 드러날 것으로 기대된다.

또 식을 바꾸어봄으로써 새로운 요리를 개발하는 데도 응용할 수 있다. 예컨대 앞서 살펴본 생크림 요리식에서 유지를 나타내는 O를 유지분을 함유한 치즈나 간으로 바꾼다면 이론상으로는 휘핑치즈나 휘핑간이 만들어질 것이다. 또한 유지가 없는 식재료, 예컨대 토마토를 주스로 만들어 오일을 더한다면 휘핑토마토 만들기도 더 이상 꿈은 아니다. 이처럼 요리를 식으로 나타내고 식에 대입할 식재료를 다른 것으로 바꾼다거나 식을 변형한다면 그 응용 범위는 무한히 넓어진다.

어쩌면 '이 식재료는 이 요리에' 하는 식의 선입관이 새로운 요리의 발명을 가로막고 있었는지도 모른다. 그런 점에서 식재료에 대한 고정관념에 얽매이지 않고 어떤 식재료든 물리화학적인 특성만을 고려하여 요리식에 대입해보면 지금까지 전혀 생각지도 못했던 요리가 탄생할 가능성이 있다.

나는 대학에서 1학년 필수과목으로 '기초 연구'를 가르친다. 그 기초 연구를 듣는 학생들에게 무엇이든 좋으니 요리식을 만들어 오라고 과제를 낸 적이 있었다. 학생들은 한결같이 얼어붙은 듯 표정이 굳었지만 그 다음 주에 여러 가지 식을 준비해왔다.

먼저 오사카 출신의 N군이 생각한 분자요리식은 이렇다.

된장국…… (S1 + S2 + S3) / W

S1: 파, S2: 두부, S3: 미역, W: 된장을 푼 뜨거운 물

단순한 식이다. 전골이나 어묵을 끓인다 해도 S가 많아질 뿐 식은 같을 것이다. 된장국에 들어가는 건더기라고 하면 분명 파, 두부, 미역이다. 이것들은 된장국 건더기 베스트 3에 해당한다. 이 정도라면 좋은 점수를 받을 만하다.

군만두…… (S1 + S2 + S3 + S4 + O) ⊃ S5

S1: 다진 고기, S2: 부추, S3: 마늘, S4: 양배추, O: 참기름, S5: 만두피

K군은 실제로 집에서 직접 군만두를 만들어보고 식을 생각해왔다. 만두소를 만두피가 감싸고 있으니 포함을 뜻하는 ⊃를 쓴 것이다. 만두피는 사서 썼기 때문에 S5라는 하나의 요소로 설정했지만 직접 만들어 썼다면 S5는 W/S6(W: 물, S6: 밀가루)가 된다. 학생들 모두 처음으로 요리를 식으로

바꾸어 생각하느라 당연히 어려웠겠지만 요리에 대한 관점이 조금쯤 바뀌었고 흥미로운 경험이 된 듯하다.

요리식에 완전한 정답은 없다. 재료를 세세하게 들여다볼수록 식은 더욱 더 복잡해진다. 요리식은 '요리의 골격'을 생각하는 데 좋은 도구가 되는 듯하다. 또한 분자요리식에 재료를 바꾸어 대입한다든지 식을 변형한다든지 하면 참신한 요리가 나올 가능성이 있다. 예컨대 군만두의 식에서 ⊃를 반대로 한다면, '밀가루를 채소로 싼 만두'가 된다. 이렇게 '거꾸로 된 군만두'를 한번 만들어보는 것은 어떨까?

제2장

요리를 느끼는 메커니즘

요리의 맛은 뇌로 느낀다

맛은 요리가 아니라 뇌 속에 있다

요리의 맛=음식×먹는 사람

'지금까지 가장 맛있게 먹은 요리는 무엇인가?'

이것은 내가 대학 신입생들에게 자주 하는 질문이다. 음식에 얽힌 경험을 묻는 이유는 그것이 그 사람이 자란 환경이나 사고방식 같은 배경을 파악하는 데 대단히 좋은 '결정적 질문(killer question)'이기 때문이다.

학생들은 대개 대학 입시 전날 엄마가 만들어준 합격 기원 요리나 여행지에서 먹고 문화적으로 충격 받은 요리 하는 식으로 대답하는데, 때로는 음식을 먹었던 당시의 상황이나 기분도 함께 이야기해준다. 요리는 우리에게 영양소를 공급해줄 뿐만 아니라 먹는 즐거움과 기쁨도 동시에 안겨주기 때문이다. 특히 그 사람의 뇌리에 박힌 요리는 추억과 함께 그것을 먹었을 때의 정경이나 감정까지도 불러일으킨다.

우리는 보통 음식을 먹을 때 먼저 눈앞에 놓인 요리의 색감이나 형태는 시각으로, 풍기는 향은 후각으로 평가한다. 그러고 나서 음식을 입에 넣고 혀로 굴리면서 감각을 작동시켜 단번에 이것은 맛있다, 맛없다, 좋다, 나쁘다 등으로 판단한다. 맛을 결정하는 요인은 다양하다. 거기에는 모양, 냄새, 맛, 온도, 식감 등 '음식 측의 요인'은 물론이고 배고픈 정도나 건강 상태 같은 생리적인 요인과 정신에 속하는 심리적인 요인 등 '먹는 사람 측의 요인'도 고려하지 않으면 안 된다.

결국 분자조리학으로 맛있는 요리의 비밀을 탐구하고 분자조리법으로 더욱 맛있는 요리를 개발하고자 계속 파고들어가다 보면 음식뿐만 아니라 사람도 분자 수준으로 분석하게 될 것이다.

맛있는 요리를 만드는 비결은 먹는 사람을 생각하는 것

예컨대 구이 전문 식당에 가서 숯불에 고기를 굽는다고 가정해보자. 고기가 석쇠에서 지글지글 구워지는 소리, 고기가 석쇠에 눌어붙은 자국, 고소하게 피어오르는 냄새, 그리고 먹었을 때 고기에서 흘러나오는 육즙의 풍미, 게다가 살살 녹는 식감까지. 우리는 이 모든 것을 통해서 맛을 느낄 것이다.

맛을 결정하는 요인 중 중요한 '맛 정보'는 입안의 미뢰 · 맛세포 · 미각수용체로 받아들인 다음 미각신경을 거쳐서 뇌에 전달된다. 그러면 사람의 뇌에서는 이 갈비에 살짝 단맛이 난다, 곱창구이 탄 데가 쓰다, 소혀소금구이 맛과 듬뿍 뿌린 레몬의 신맛이 잘 어울린다 하는 식으로 맛물질과 농도 등을 구별한다. 미각 외에도 후각, 시각, 청각, 촉각 정보

가 뇌에 전달되고 미각 정보와 결합해서 전체 맛을 알게 된다.

맛있는 요리, 감동하는 요리, 기억에 남는 요리는 사람의 미각, 후각, 시각, 청각, 촉각인 오감, 즉 뇌를 크게 자극한다.

맛있는 요리를 만들고자 할 때 우리는 흔히 식재료나 조리법에 집착하게 된다. 그러나 맛이란 요리 그 자체에 속한 것이 아니라 먹는 사람의 머릿속으로 맛있는 정보가 흘러 들어감으로써 비로소 생겨나는 것이다. 그런 까닭에 요리에 쓸 재료를 따져서 레시피대로 만드는 것 못지않게 중요한 일은 먹는 사람이 그 요리를 어떻게 느끼는가를 헤아려보는 것이다.

소중한 사람에게 맛있는 요리를 만들어줄 때 음식의 풍미와 모양뿐 아니라 분위기나 그 사람의 식습관까지도 아울러 생각하는 것이 실은 꽤 중요하다. 상대의 감성을 세심하게 살피는 자세가 감동적인 맛을 내는 원동력이 되기 때문이다. 뇌과학이 발전함에 따라 맛의 종착역인 '뇌 활동'을 고려해서 조리하는 시대가 이미 눈앞에 다가와 있다.

◐● 뇌가 느끼는 요리의 맛

혀부터 뇌까지 맛 정보의 전달 경로

우리가 음식을 먹을 때 "맛있다!"고 느끼게 되는 과정은 음식 정보를 뇌에 전달하는 '의사전달 게임' 같은 것이다.

예를 들어 미각이 전달되는 과정은 이렇다. 먼저 음식을 입에 넣으면 음식에 들어 있는 다양한 맛분자가 혀의 미뢰에 있는 맛세포 표면의 미각수용체에 작용한다. 맛분자들이 수용체에 작용하면, 맛세포가 그 신호를 신경세포에 전달하고 최종적으로 뇌에 전해진다. 구체적으로 말하면 맛분자가 세포 내의 다양한 정보 전달물질로 변해서 뇌에 이르게 되고 달다거나 짜다고 하는 정보로서 처리된다. 다시 말해서 맛 정보는 맛분자 → 수용체 → 신경 전달 → 뇌 기능 → 인지 · 지각 등으로 순차적으로 전달된다.

의사전달 게임에서는 미각 정보와 동시에 후각, 시각, 청각, 촉각 따위 정보도 뇌로 전달된다. 이들 다양한 감각이 아마존 강 지류가 본류와 합류하듯 모든 정보가 종합되어 "이 케이크 맛있다!", "카레 한 그릇 더!" 하고 외치게 만드는 것이다.

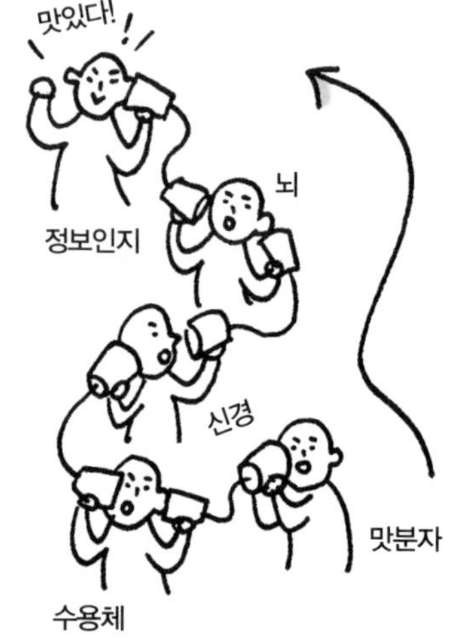

먹지 않고 뇌에 자극만 주어도 '맛볼 수 있다'?

결국 우리가 맛을 느끼는 곳은 혀가 아니라 그 종착지인 뇌이다. 뭔가를 먹고 그것이 어떠어떠하다고 뇌가 인식하기까지 어떤 '여정'이 펼쳐질까. 커스터드푸딩을 먹을 때를 예로 들어 살펴보자.

일단 푸딩을 숟가락으로 떠서 입에 넣으면 푸딩을 형성하고 있는 맛 분자들이 혀를 자극하고, 설탕의 단맛과 캐러멜의 쓴맛 등 미각 정보가 미각신경의 신경자극으로 변환되어 뇌로 보내진다. 혀끝에 닿는 살살 녹는 느낌이나 푸딩의 차가움 같은 정보도 전기신호로서 전해진다. 그 모습을 그림 2-1을 보면서 확인하자.

먼저 입안과 혀가 느낀 자극은 뇌의 입구라고 할 수 있는 연수(숨뇌)의 고립로핵(고속핵)으로 전달된다. 혀끝에서 느끼는 단맛, 혀 안쪽에서 느끼는 쓴맛, 인두에서 느끼는 식감, 소화기관 상태 등 그 모든 정보가 고립로핵 위쪽부터 차례대로 배치된다. 고립로핵에 정보가 전달되는 단계에서는 호불호 판단이 아닌 '미각반사'가 일어난다. 미각반사란 맛을 보았을 때 순간적으로 나타나는 얼굴 표정의 변화나 침이 고이고 위산이 분비되는 현상을 말한다.

고립로핵 신호는 미각반사의 다른 경로로서 시상에서 대뇌피질에 있는 미각피질로 향하고 편도체와 시상하부에도 전해진다. 미각피질에는 제1차 미각피질과 제2차 미각피질이 있다. 이 부위들은 제각기 중요한 역할을 하고 있다. 제1차 미각피질에서는 '단맛이 덜하고 조금 쓰다' 같은 맛에 대한 인식을, 제2차 미각피질에서는 '이것은 지금까지 맛본 적이 없는 푸딩이야' 같은 맛에 대한 인지 · 학습을, 편도체에서는 '이 푸딩 좋아' 같은 감정 내지 맛에 대한 평가를, 시상하부에서는 '한 개 더 먹자' 같은 시작 · 계속 · 정지에 관한 판단을 각각 처리한다.

당연한 이야기겠지만 푸딩을 먹었을 때 그것을 푸딩이라고 인지하는 것은 과거에 푸딩을 먹어본 경우에만 가능한 일이다. 맛이 뇌의 어느 곳에 기억되어 있느냐 하는 것은 아직 충분히 밝혀져 있지 않다. 그런데 시각 정보를 느끼는 뇌의 시각피질에는 예컨대 아기의 얼굴을 보면 반응하는 이른바 '아기신경세포'군이 있다. 이와 마찬가지로 어쩌면 미각피질에도 '푸딩신경세포'나 '라면신경세포'처럼 과거에 먹어본 적이 있는 음식에 반응하는 신경세포군이 존재할지도 모른다.

푸딩을 먹으면 입안에서 푸딩이 물리적으로 부스러지는데, 이때 푸딩의 풍미와 식감이라는 정보도 뿔뿔이 흩어진다. 이렇게 흩어진 정보

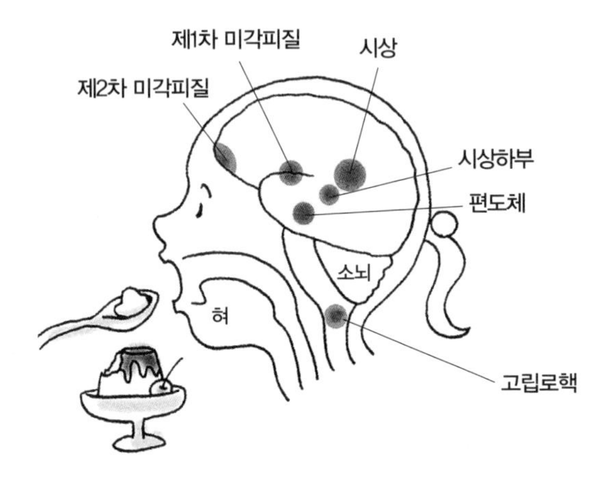

| 그림 2-1 미각정보의 신경전달 경로 |

야마모토(2001)의 책을 참고로 작성

들은 연수의 고립로핵, 대뇌피질의 미각피질 등으로 전달되고 '푸딩 고유의 신경망의 흥분 패턴'으로서 정보가 통합된다. 이것을 과거의 정보와 대조한 다음 최종적으로 푸딩이라거나 혹은 푸딩이 아니라고 구별하는 것이다. 만약 이러한 신경 자극 패턴을 그대로 재현할 수 있다면 실제로 먹지 않아도 푸딩의 맛을 뇌에서 느낄 수 있을 것이다. 즉 뇌를 자극하는 것만으로도 그 요리를 맛보는 것이 된다. 이것은 아직 공상과학 세계에서나 있을 법한 이야기이지만 기억 속에 저장된 추억의 요리, 감동을 느꼈던 요리가 언젠가는 뇌에서 재생될 날이 올지도 모른다.

호불호가 생겨나는 메커니즘

먹을거리 중에는 많은 사람이 맛있다고 생각하는 음식도 있지만 셀러리처럼 호불호가 분명하게 갈리는 채소도 있다. 나는 좋아해도 다른 사람이 싫어하는 경우와 그 반대인 경우는 얼마든지 있다. 같은 음식을 먹어도 맛에 대한 판단은 개인의 주관에 의한 것이다. 그 사람이 자라온 환경이나 식문화, 음식에 얽힌 개인의 체험과 선입관 등이 종합적으로 맛에 영향을 준다고는 하지만 어째서 맛을 느끼는 데 개인차가 생겨나는 것일까.

이것은 요리에 대한 호, 불호를 매일 업데이트하는 것과 관계있는 듯하다. 요리를 먹으면서 느끼는 오감의 자극은 대뇌피질에 있는 각각의 감각피질에 전해진다. 각각의 감각피질에 전달된 정보들은 대뇌피질의 연합피질에서 통합된다. 이 부위는 다른 동물에 비해 사람에게 특히 발달된 곳이다. 한편 이 정보들은 뇌 중심부에 위치한 대뇌변연계의 편도체에도 전달된다. 편도체는 호, 불호를 판단하는 중요한 곳으로 이웃하고 있는 해마를 통해서 기억 정보와 대조하며 판단한다. 여기서 일어난 판단은 다시 대뇌피질의 연합피질로 전달된 다음 종합적인 판단에 영향을 줌과 동시에 해마를 통해서 새로운 기억으로 저장된다.

즉 우리는 일종의 이중구조를 거쳐 맛을 판단한다고 볼 수 있다. 대뇌변연계(오래된 뇌)의 편도체에서는 동물로서 단순히 쾌, 불쾌를 판단하며, 다른 동물보다 현저히 발달한 대뇌피질(새로운 뇌)의 연합피질에서는 인간으로서 문화나 습관, 개인 따위 그동안 경험한 바에 의거해서 맛을 판단한다. 이렇게 양쪽에서 내리는 판단은 각자 소유한 정보에 의해서도 강하게 영향을 받는다. 편도체가 안전성을 판단하는 본능적인 것이라면, 대뇌피질은 정서적인 것이라고 할 수 있다.

편도체에서 본능적으로 느끼는 맛과 대뇌피질에서 후천적으로 느끼는 맛이 서로 힘겨루기를 하는 가운데, 오늘날 음식 정보의 범람으로 말미암아 미각 측면에서는 편도체보다 대뇌피질이 우위를 점하고 있는지도 모른다.

누구나 맛있다고 하는 요리와 사람에 따라 호불호가 갈리는 요리가 존재하는 것은, 뇌가 인지하는 음식의 기호(嗜好)에 있어 호불호가 선천적으로 정해져 있다고는 하지만 학습을 통해서 후천적으로 점차 새롭게 바뀌어가기 때문이다. 즐거운 분위기에서 먹었던 음식이 좋아지는 미각기호학습과 먹고 배탈이 났던 음식이 싫어지는 미각혐오학습이 반복됨으로써 맛에 대한 취향이 차츰 굳어가는 것이다.

◑ 인간이 풀어야 할 요리에 대한 딜레마

'색다른 것'이 먹고 싶어지는 이유

우리는 주위에서 매일 같은 것만 먹었더니 식욕이 없어졌다고 말하는 사람을 자주 본다. 영양학적인 관점에서 보자면, 매일 같은 것만 먹는다는 것은 영양 불균형의 원인이 되므로 예방 차원에서 하는 말로 이해할 수 있을 것이다. 실제로 몸이 필요로 하는 영양소가 부족하면 그 영양소가 들어 있는 음식이 저절로 당기고 그것을 먹으면 맛있다고 느낀다. 땀을 많이 흘렸을 때 짠 음식이 잘 먹히는 것과 같은 이치이다.

그러나 아무리 균형 잡힌 식단이라고 해도 어느 음식이든지 매일 먹다 보면 반드시 물리게 된다. 한 가지로 일관하는 식사 패턴에 싫증이 나서 색다른 것을 먹고 싶어 하는 이유에는 몸 상태나 필요로 하는 영양 균형 따위의 생리적인 감각을 초월한 그 '무언가'가 있는 듯하다.

어느 언론인에게 들은 이야기인데, 재해지역 피난소에 머무는 이재민들에게 장기간 식사를 제공해야 한다면 일본 자위대는 정해진 식단을 일주일 간격으로 똑같이 준다고 한다. 일주일 단위로 메뉴를 짜면 식재료 공급이나 조리 방법 등을 정형화할 수 있고 영양 불균형 문제도 예방할 수 있다는 합리성에 따른 것이다. 그러나 이재민들은 차츰 규칙적으로 반복되는 메뉴에 물려서 스스로 피난소를 나가 생활하고, 결과적으로는 자립하는 사람이 많아진다고 한다. 이러한 현상은 대체 왜 일어나는 것일까.

최근, 몇 년 전에 심리학 · 행동과학 분야에서 발표한 한 가설이 있다.

그것은, 사람은 단순히 반복되는 식사에 싫증을 느끼며 요리에 있어서 좀 더 색다른 것, 혹은 조금이라도 새로운 것을 추구한다는 것이다. 다시 말해서 일상적인 식사로는 느껴지지 않던 좀 색다른 두근거림이나 설렘을, 평소와 다른 식사를 함으로써 느끼고 싶어 하는 욕구가 인간의 심리, 즉 뇌에 선천적으로 들어 있을지도 모른다는 가설이다. 우리가 익숙한 음식에 싫증을 느끼고 조금이라도 다른 것을 추구하는 까닭은 대체 무엇 때문일까.

'낯선 음식이 무섭지만 먹고 싶다'는 심리에 깔려 있는 것

우리 인간은 본디 동식물 가리지 않고 다 먹는 잡식성 동물이다. 그와 달리 판다는 대나무 잎만 먹고 코알라는 유칼리나무 잎만 먹는다. 생존 전략적 측면에서 보자면, 잡식성 동물은 익숙한 먹이를 손에 넣기 어려운 상황이 온다 하더라도 그것 말고 다른 것을 대신 먹음으로써 굶주림을 피해 생존 확률을 높일 수 있다. 즉 환경 적응성이 뛰어난 생물이다.

그러나 다른 한편으로 새로 찾아낸 먹이에 독성이 있다거나 영양소가 부족하다면 건강을 해치게 되고 최악의 경우에는 죽음에 이를 수도 있다. 그 때문에 야생의 잡식동물이 새로운 것을 먹을 때에는 언제나 위험부담을 감수하지 않으면 안 된다.

결국 잡식성 동물은 먹어본 적이 없는 것에 대한 거부감, 즉 새로운 음식에 대한 공포증(food neophobia)과 먹어본 적이 없는 것에 대한 호감, 즉 새로운 음식에 대한 기호증(food neophilia)이라는 서로 모순된 경향을 본능적으로 타고난다고 한다. 늘 먹는 것을 먹고 싶어 하는 한편, 색다른 것도 먹고 싶어 하는 딜레마는 잡식동물로 태어났기에 겪는 감정일 것이다. 초식동물인 코끼리와 하마, 육식동물인 호랑이나 사자처럼 정해진 것 이외에는 먹지 않는 단식성 동물은 결코 느낄 수 없는 고민이다.

우리의 음식에 대한 욕구는 이 '보수'와 '혁신' 사이에서 요동치고 있다. 누군가 "오늘 뭐 먹지?" 하고 좀처럼 쉽게 정하지 못하는 것은 그 배경에 잡식성 동물인 까닭에 안고 있는 갈등이 깔려 있기 때문일지도 모른다.

잡식성 동물이기에 분자조리가 필요하다?

새로운 음식에 대한 공포증과 기호증을 타고난 잡식성 동물의 딜레마를 해소해온 것은 사람의 '조리'라고 하는 행동이다.

먹어본 적이 없는 식재료, 이를테면 개구리를 꼬치구이로 내놓는다면 먹겠다고 덤비는 사람이 별로 없겠지만 닭튀김처럼 익숙한 방식으로 조리해 내놓는다면 기꺼이 먹겠다는 사람이 급격히 늘어날 것이다. 우리가 즐겨 쓰는 조미료로 양념한 것이라면 "오, 의외로 맛있네!" 하며 좋은 평가를 내릴지도 모른다. 이처럼 조리라는 사람의 조작이 신기한 것을 먹는다는 두려움을 누그러뜨리는 데 일조하고 있다.

우리의 선조는 공포를 넘어선 호기심으로 먹어본 적이 없는 것을 끊임없이 조리법 안으로 끌어들여 새로운 밥상 레퍼토리로 덧붙여나갔다. 식재료를 조리함으로써 날것 그대로는 먹을 수 없는 것을 먹을 수 있게 바꾸고 심지어 독이 든 것조차 해독해서 먹었다. 예를 들어 열대 · 아열대지방 사람들의 중요한 주식인 감자류 카사바(타피오카의 원료)에는 유독한 청산배당체 중 하나인 리나마린이라는 물질이 함유되어 있지만 카사바를 가공 · 조리하는 과정에서 이 독성분을 완전히 없애고 먹을 수 있게 만든다. 또한 일본 이시카와 현의 향토 음식 중 일본 요리의 진미로 유명한 복어알젓도 맹독성 독소인 테트로도톡신이 들어 있는 복어의 난소를 그대로 소금과 쌀겨된장에 2년 넘게 절여서 이 독소를 없애고 먹을 수 있게 한 것이다. 이제까지 인류가 쌓아온 음식문화는 잡식성 동물의 도전정신 위에서 이루어진 것이다.

요리잡지 편집자인 하타나카 미오코는 한때 유행하는 옷, 음악, 예술, 만화처럼 대중문화 차원에서 '소비'되는 음식을 패션푸드라고 부른다. 티라미수, 나타데코코, 홍차버섯, 곱창전골, 소금누룩 같은 음식들이 반짝 인기를 끌다가 금방 시들해지는 현상을 보고 붙인 이름이다. 이처럼 음식에 유행의 바람이 부는 것도 잡식성 동물의 뇌에 미리 짜여 있는 본능 때문에 그런 것인지도 모른다.

'같은 것만 먹으면 질린다', '색다른 것이 먹고 싶다'라는 잡식성 동물의 원초적이기까지 한 욕구에 부응하기 위해서라도 분자조리학과 분자조리법을 통해 새로운 음식에 대한 공포증이 나타나지 않도록 이제껏 아무도 본 적이 없는 새로운 요리를 만들어 세상에 내놓는 것은 사회적으로 매우 가치 있는 일이라고 생각된다.

칼럼 ❹ 뉴로가스트로노미

'뉴로(neuro-)'는 번역하면 '신경의' 또는 '신경학의'라는 뜻을 지닌 접두사인데, 이 뉴로가 붙은 단어가 최근에 대단히 많이 등장하고 있다.

뉴로이코노믹스(neuroeconomics, 신경경제학), 뉴로파이낸스(neurofinance, 신경금융), 뉴로마케팅(neuromarketing, 신경마케팅), 뉴로에솔로지(neuroethology, 신경행동학), 뉴로에스테틱스(neuroaesthetics, 신경미학), 뉴로디자인(neurodesign, 신경디자인) 등 많다. 음식 분야에서는 2011년에 예일대학 교수인 신경과학자 고든 M. 셰퍼드가 《Neurogastronomy(뉴로가스트로노미, 신경미식학)》라는 제목의 책을 낸 적이 있다.

'뉴로 대성황'의 배경에는 뇌신경과학을 토대로 인간의 사고와 행동, 감정을 이해하고자 하는 의도가 깔려 있다. 그렇다면 뇌 활동만 보고 어떻게 사람의 기분을 알아낼 수 있을까. '뇌기능이미지법'을 이용해 우리가 음식을 맛보는 동안 뇌에서 어떤 움직임이 일어나는지 인체에 해로움 없이 조사할 수 있게 되었다. 그중 하나가 fMRI(기능성 자기공명영상장치)를 활용하는 것으로, 이 장치로 뇌 활동을 분석하고 그 결과에 근거해서 감정을 알아보는 일이 점차 현실화되고 있다.

실제로 소믈리에가 와인을 맛볼 때 뇌의 움직임을 일반인과 비교하면 뇌가 활동하는 부위가 다르다. 그 외에 배고플 때와 배부를 때 뇌 활동이 어떻게 다른지, 단것에 대한 남녀의 반응이 어떻게 다른지 등도 연구 중이다.

한 연구 성과가 논문에 실리기를, 전두엽의 복측면(腹側面)에 위치한 안와

전두피질의 활동을 보면 그 사람이 유쾌할지 또는 불쾌할지를 예측할 수 있다고 한다. 즉 뇌 활동의 패턴을 측정하면 그 사람의 음식에 대한 호불호, 디자인에 대한 호불호, 심지어 대인관계에서 나타나는 타인에 대한 호불호까지도 판단이 가능할지 모른다는 것이다.

레스토랑의 경우 어떤 요리를 어떤 분위기로 연출해야 손님들이 만족스러워할지 사람의 뇌 활동을 측정한다면 말로써 이야기를 듣는 것보다 훨씬 더 명쾌하게 알 수 있을 것이다. 그것이 좋은지 나쁜지는 제쳐두고라도 맛있다고 느끼고 있을 때 나타나는 뇌신경세포의 흥분 패턴을 요리사가 파악할 수 있다면 그에 따른 요리를 얼마든지 내놓을 수 있게 된다.

사람들이 더욱 만족할 만한 요리, 참신하고 맛있는 요리를 제공하는 데 있어서 앞으로는 생리학과 뇌과학 같은 자연과학이, 심리학과 행동과학 같은 사회과학이, 그리고 이들이 융합된 인문학과 자연과학 지식이 더욱 폭넓게 활용될 것이다. 따라서 미래에는 요리사에게 뇌과학과 심리학이 '필수'인 시대가 찾아올지도 모른다.

2 요리의 맛과 냄새를 느끼다

요리의 맛을 느끼는 메커니즘

혀에서 맛분자를 '수신'한다

우리가 음식의 맛을 어떻게 느끼고 있나 하는 문제는 20세기 이전부터 많은 사람의 관심거리였다. 1825년에 처음 출간된 미식가 브리야 사바랭의 《미식 예찬》을 보면, '혀는 그 위에 돋은 다소간의 미각유두에 의하여, 접촉하는 물체들의 맛을 가진 입자들 중 용해 가능한 것을 흡수한다'고 씌어 있다. 그는 맛물질이 혀 표면으로 '스며든다'고 생각한 듯하다.

오늘날에는 먼저 미뢰에서 맛과 관련한 분자를 수신하면 맛을 느끼기 시작한다고 보고 있다. 그림 2-2에 나오듯이 미뢰는 혀끝을 중심으로 넓게 퍼져 있는 버섯유두와 혀뿌리 쪽 한정된 범위에 퍼져 있는 성곽유두와 잎새유두에 많이 나 있다. 혀 외에 위턱의 부드러운 연구개와

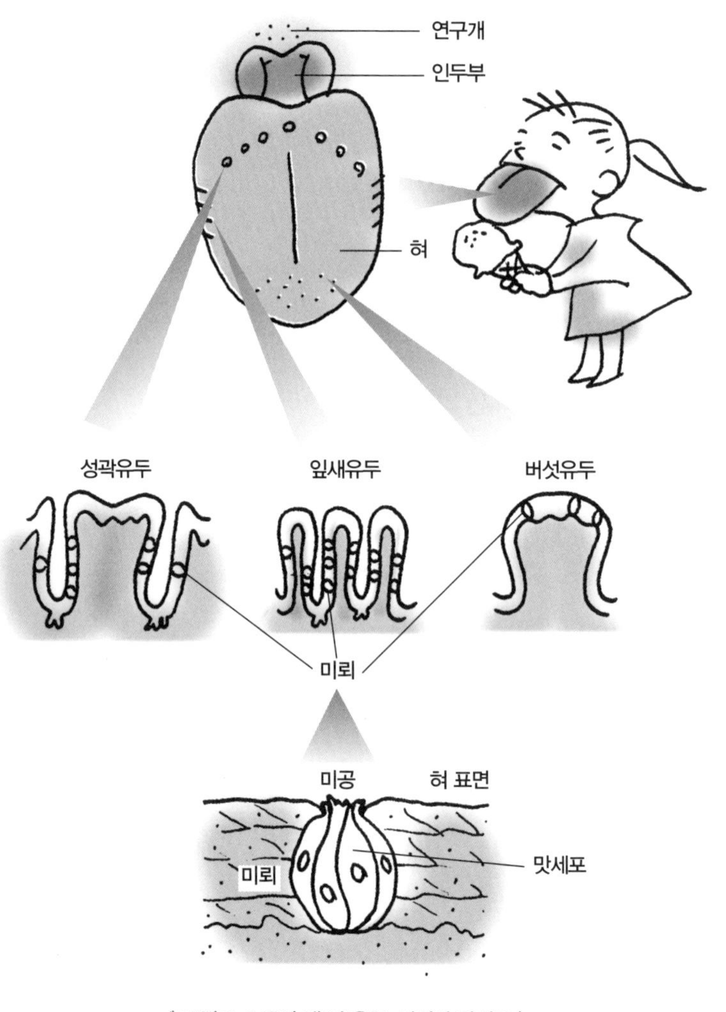

| 그림 2-2 구강 내 각 유두, 미뢰와 맛세포 |

야마모토(1996)의 책을 참고로 작성

목 안쪽의 인두부에도 분포한다.

미뢰는 양파 모양의 구조를 띠고 긴 방추형 맛세포가 세로로 30~70개쯤 모여 있는 작은 세포 집합체이다. 미뢰 위쪽에는 작은 미공(맛구멍)이 열려 있는데, 이곳이 입안의 침이 닿는 유일한 곳이다. 음식에 들어 있는 맛분자가 침에 녹아들어 미뢰 위쪽에서 얼굴을 내밀고 있는 맛세포와 '접촉'하면 맛세포에 화학적인 변화가 일어나고 여러 단계의 전달 과정을 거쳐서 맛 정보가 뇌로 전달된다.

기본 맛이 다섯 가지인 이유

우리가 단맛, 쓴맛, 신맛, 짠맛, 감칠맛을 과학적으로 기본 맛이라고 하는 이유는 뇌에서 이 맛이 확실하게 인지될 뿐만 아니라 분자생물학 연구에 의해서 각각의 미각수용체가 발견되었기 때문이다. 일본인이 발견한 감칠맛이 'umami'인데 이것이 국제적으로 인정받게 된 것도 이 감칠맛을 느끼는 수용체가 사람에게 존재하고 있다고 과학적으로 증명된 점이 크게 작용한 것이다.

맛세포의 세포막에 있는 7회막관통형 G단백질공역수용체는 단맛 · 쓴맛 · 감칠맛을 느끼는 기관이고, 맛세포 표면에 있는 이온채널은 신맛 · 짠맛을 느끼는 수용체 역할을 한다(그림 2-3).

현재는 입안에서 칼슘을 감지하는 수용체와 기름의 구성 성분인 지방산을 느끼는 수용체가 발견되어 칼슘맛과 기름맛이 여섯째, 일곱째 기본 맛으로 제기될 가능성이 있다. 다만 이 두 가지 맛이 기본 맛이 되기 위해서는 신경회로와 뇌 활동 부위가 기존의 기본 맛을 감지할 때와 다르다는 것이 확인되어야 하는데, 이것을 증명하는 일은 결코 쉽지 않다.

한편 흔히 느끼는 맛인 매운맛은 미뢰를 거치지 않고 미뢰 주변에 있는 자유신경종말(自由神經終末)에 의해 수용된다. 매운맛은 통각이나 온도감각처럼 미각신경과는 다른 삼차신경을 매개로 전달되기 때문에 미각신경을 매개로 감지되는 맛과는 다르며 또 기본 맛의 범주에는 속하지 않는다.

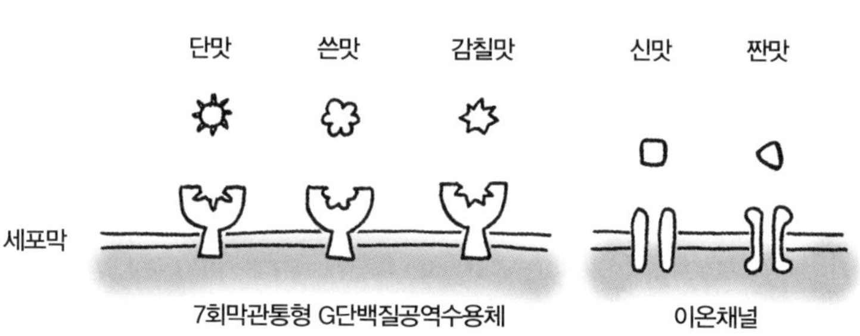

| 그림 2-3 기본적인 맛의 수용체 |

지금으로부터 100년도 훨씬 전에 혀의 미각지도가 발표되어 기본 맛의 감수성은 혀의 위치에 따라 다르다고 알려져왔다. 혀의 끝은 단맛에, 가장자리는 짠맛과 신맛에, 뿌리 쪽은 쓴맛에 민감하다는 식으로 말이다. 그러나 최근에 와서 이 미각지도에 과학적인 근거가 없다고 밝혀졌다.

인간의 감각으로 식품의 특성과 품질을 평가하는 관능검사(官能檢查)를 해보니 혀끝은 달콤한 것에만 특별히 민감한 것이 아니라 단맛, 짠맛, 신맛, 쓴맛, 감칠맛에 모두 민감한 것으로 밝혀졌다. 혀 가장자리도

짠맛과 신맛뿐 아니라 모든 맛에 민감한 것으로 나타났다. 혀뿌리 쪽도 쓴맛에 민감하다는 사실은 여전히 변함이 없지만 신맛과 감칠맛에도 똑같이 민감하다는 연구 결과가 나와 있다.

나이를 먹으면 미각이 둔해지는 이유

미각도 나이를 먹을수록 늙어간다. 건강하고 젊은 사람과 노인을 대상으로 미각을 검사해보니 60세 정도부터 미각의 감수성이 떨어진다고 보고된 바 있다. 물론 개인차는 있기 마련이어서 그중에는 젊은 사람 못지않게 미각이 민감한 노인도 분명 있었다.

매운맛의 촉각자극 실험 결과에 따르면, 매운맛이 피부의 신경자극을 거쳐서 중추로 전달되는 기능이 나이를 먹는다고 해서 쇠퇴하는 것은 아니다. 이로 미루어보건대 미각이 둔해지는 원인은 중추신경의 정보처리능력에 문제가 있다기보다는 '미뢰의 변화'에 관련이 있는 듯하다.

미뢰의 수는 나이가 들수록 감소한다. 어린아이에게 있는 미뢰는 1만 개나 되며 혀뿐만 아니라 볼 안쪽의 점막과 입술 점막에도 퍼져 있다. 그 수는 성장할수록 조금씩 줄어들어 어른이 되면 혀에 있는 것은 약 5,000개, 그 밖의 다른 부분에 있는 것은 약 2,500개까지 줄어든다. 미뢰의 수가 현저하게 줄어드는 시기는 75세 이후부터라고 하지만 동물실험을 해보니 그다지 큰 변화가 없다는 보고도 있어서 그 어느 쪽도 명쾌한 답이 아니다. 미뢰의 수와 상관없이 나이가 들면 맛이 잘 느껴지지 않는 현상은 무엇 때문에 생기는 것일까. 이에 대한 힌트가 될 만한 것이 미뢰를 형성하고 있는 맛세포에게 일어나는 턴오버(진피층에서 만들어진 새로운 세포가 각질층까지 올라와 죽은 세포가 되어 떨어져 나가는 과정)이다.

맛세포의 수명은 짧아서 보통 열흘 안팎이다. 맛세포가 수명을 다하면 그 주변의 상피세포가 미뢰 안으로 들어가서 새로운 맛세포로 분화한다. 낡은 맛세포는 죽고 다시 새로운 세포가 생성되는 턴오버를 끊임없이 반복하는 것이다. 나이가 들면 미뢰의 수가 그다지 줄지 않더라도 턴오버하는 속도가 느려지고 그 결과 맛세포의 기능이 떨어져서 맛을 잘 느끼지 못하는 것이 아닌가 추측된다. 이것은 피부를 구성하는 세포 역시 나이를 먹으면 턴오버하는 속도가 느려져서 주름살이 늘어나는 것과 같은 원리이다.

◐ 요리의 냄새를 느끼는 메커니즘

냄새를 표현하기 어려운 이유는 수용체가 많이 있기 때문?

누구나 흔히 감기나 비염 때문에 코가 막혀서 맛을 제대로 못 느끼거나 아무런 맛도 느낄 수 없었던 경험을 한 적이 있을 것이다. 이렇듯 어떤 음식을 맛있다고 느낄 때는 맛과 함께 냄새라는 감각도 아주 중요한 역할을 한다.

공기 중에 떠다니는 냄새분자는 비강 점막 안쪽 후각상피에 퍼져 있는 후각세포에 포착되어 후각신경을 타고 뇌로 전달된다. 미뢰에 기본적인 미각수용체가 있는 것처럼, 후각세포의 끝부분에 있는 후각섬모에는 냄새분자와 결합하는 수용체가 있으며 냄새의 종류에 따라서 각기 다른 수용체가 반응한다(그림 2-4).

후각수용체는 대표적인 다섯 가지 기본 맛을 감지하는 미각수용체와 그 구조가 다르다. 사람에게는 약 390종류의 다양한 후각수용체가 수백만 개 단위로 존재한다. 그중 수십 종류의 후각세포에 단 250개의 냄새분자가 결합하여 사람은 냄새를 느끼게 된다. 또한 특정한 후각수용체가 한 종류의 특정한 냄새물질만을 받아들이는 것이 아니라 여러 개의 비슷한 냄새분자들을 아울러 수용하기 때문에 수많은 냄새에 대응할 수 있다.

후각을 자극하는 요리가 쉽게 기억에 남는 이유

프루스트의 《잃어버린 시간을 찾아서》를 보면, '홍차에 적신 마들렌을 입에 넣은 순간 먼 옛날의 어린 시절이 떠오른다'는 유명한 구절이 있다. 이런 경험담이 누구에게나 하나쯤은 있지 않을까 싶다. 이렇듯 어떤 음식의 냄새나 꽃향기, 향수 냄새 따위를 맡으면 예전에 즐거웠던 기억이나 슬펐던 기억이 떠오르는 것을 프루스트효과라고 한다. 음식의 맛보다 이러한 향기나 냄새가 오랜 기억을 불러오고 감정에 강하게 작용하는 이유는 냄새를 느끼는 뇌 구조가 맛을 느끼는 뇌 구조와 다르기 때문이다.

그림 2-4와 같이 후각세포가 감지한 냄새 정보는 뇌 속으로 들어가 후각망울의 사구체라는 곳으로 들어간다. 후각망울에 모인 정보는 후각피질을 거쳐서 대뇌변연계로 들어간 뒤 이 대뇌변연계로부터 측두엽의 깊은 부분에 있는 도피질(島皮質)과 시상 등에까지 이른다. 냄새 정보

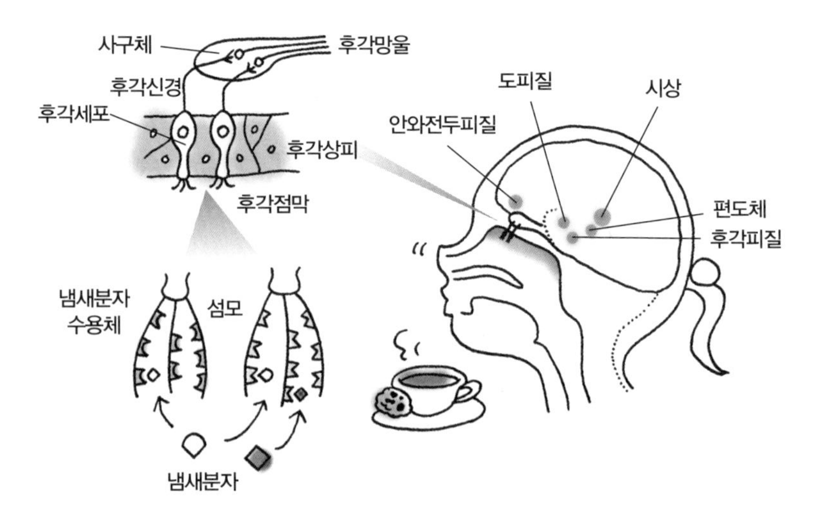

| 그림 2-4 미각정보의 지각과 신경전달 경로 |

모리(2010)의 책을 참고로 작성

는 대뇌피질의 안와전두피질로 무수히 전달된다고 알려져 있다. 안와전두피질은 앞에 서술한 제2차 미각피질이 있는 곳이기도 하다. 이곳에 있는 뉴런은 음식의 맛 정보와 냄새 정보, 그리고 온도 · 혀의 감촉 정보를 특별한 방식으로 조합하고 수집한다. 그 때문에 안와전두피질에서 맛을 향기, 식감과 결합시켜 지각하도록 한다.

후각 정보는 미각 정보와 달리 냄새세포를 통해 직접 뇌로 전달되고 그 뒤에도 다른 단계를 거치는 일 없이 곧바로 뇌의 고차중추로 전달된다. 이 후각 정보는 편도체와 같이 감정과 기억을 담당하는 부위 근처에까지 이르고 있어서, 냄새가 희로애락이나 기억에 영향을 미치기 쉽다.

또한 후각은 오감 중에서도 특히 감도가 높고 예민하며 기억력이 좋은 감각이라고 할 수 있다. 미각이나 시각과 달리 후각은 신호로 바뀌어 코 점막의 수용체에서 뇌로 직접 들어가기에 그만큼 '노이즈'가 덜 끼어들기 때문에 그럴 것이다. 후각이 예민한 이유는 야생동물이 입에 무언가를 넣기 전에 먹어도 되는지 냄새로 먼저 상한 정도를 판단하여 스스로를 지키며 사는 모습을 떠올리면 쉽게 이해할 수 있다.

후각을 제어해서 기억에 남는 요리를 만든다

우리는 오감을 통해서 맛을 보지만 그중에서도 으뜸은 후각이라고 말하는 사람도 있다. 오감은 크게 원수용성(遠受容性) 감각과 근(近)수용성 감각으로 나눌 수 있다. 원수용성 감각은 시각과 청각처럼 대상이 멀리 떨어져 있어도 느끼는 감각이다. 한편 근수용성 감각은 미각과 촉각처럼 대상이 실제 몸에 닿았을 때 느끼는 감각이다.

눈과 귀의 원수용성 감각을 사용하면 예컨대 야생동물은 먹을거리나 동료들이 멀리 떨어져 있어도 좀 더 빨리 찾아낼뿐더러 적으로부터 자신을 잘 지킬 수도 있다. 반면 우리는 잡지나 웹 사이트를 보고 근사해 보이는 맛집을 찾아갔다가 막상 음식을 먹어보니 맛이 별로였던 경험이 비일비재할 것이다. 이렇듯 시각과 청각에 의지한 정보는 객관적이지 않을 때가 있다.

이에 대해서 입의 근수용성 감각은 매우 정확하고 사실적으로 느끼는 감각이어서 아기에게 단맛이나 감칠맛이 강한 음식을 주면 웃는 표정을 보인다. 피부에 닿는 촉각도 마찬가지여서 누군가 자신을 부드럽게 만지면 기분 좋은 느낌이 드는 한편 거칠게 다루면 심한 혐오감이 솟구친다. 이러한 자극에 대한 반응은 워낙 생생해서 시각과 청각만으로는 일어날 수 없는 것이다.

코의 후각은 원수용성 감각과 근수용성 감각의 딱 중간에 있다고 볼 수 있다. 대상물인 냄새분자는 조금 떨어져 있어도 맡을 수 있지만 거리에 제한이 있어서 대상물이 어느 정도 가까이 있어야 한다. 후각은 시각과 청각보다 더 강하게 감정에 영향을 미친다.

냄새는 사람의 심리에 작용해서 무의식중에 행동을 바꾸게 하는 힘이 있다. 예를 들어 민트 향이나 커피 향은 정신적인 스트레스를 완화시켜준다는 연구 결과가 있다. 이 스트레스 완화작용은 누구에게나 일어나는 것이 아니며 민트 향이나 커피 향을 정확하게 인지할 수 있고 그것을 쾌적하다고 느낀 사람에게만 일어난다. 즉 이 효과는 향기분자의 약리작용이 아니라 정신적인 이유에서 비롯되는 것이라고 볼 수 있다.

최근에는 냄새를 비즈니스 도구로 활용하려는 움직임도 활발하게 일어나고 있다. 예로부터 장어 요리점, 고기구이 음식점, 닭꼬치구이 음식점 같은 곳에서 고소한 냄새를 피웠는데 이는 홍보의 일환이었을 것이다. 요리를 하는 데 있어 냄새를 얼마나 잘 제어해서 사람들에게 기대감과 만족감을 심어줄 수 있느냐에 따라 그 음식에 대한 호불호와 기억에 대한 호불호가 결정된다.

맛과 냄새의 상호작용

어머니의 맛은 어머니의 냄새?

오렌지주스와 자몽주스를 놓고 간단한 실험을 해보았다. 눈을 감고 코를 막은 채 주스를 마신 다음 무슨 주스인지를 알아맞히게 하는 것이다. 학생들은 거의 "어?" 하고 고개를 갸우뚱했다. 사과주스와 복숭아주스도 마셔보면 의외로 감별하기 어려운 조합이다. 신맛과 단맛의 강도가 거의 같은 주스는 코를 막으면 오렌지나 사과 특유의 향을 맡을 수 없어서 그 둘을 감별하기 어려워진다.

이 실험은 우리가 보통 오렌지 맛이나 자몽 맛을 느낀다는 것이 실상은 맛이 아니라 오렌지 향이나 자몽 향이라는 것을 실감할 수 있는 실험이다.

또한 미국의 이비인후과학 통계에 따르면, '맛이 이상하다'고 호소하며 병원을 찾는 환자를 진찰해보면 대부분 미각이 아니라 후각에 이상이 있는 경우라고 한다. 이러한 사례에서 알 수 있듯이 우리가 맛이라고 한 것이 실제로는 맛이 아니라 냄새인 경우가 아주 많다. 어머니의 맛과 기억에 남은 감동적인 맛도 맛의 기억이 아니라 냄새의 기억일 가능성이 높을 것이다.

돌고래는 플레이버를 느낄 수 없다

우리가 커피를 마신다고 했을 때 마시기 전 코로 들이쉬는 향기를 아로마, 마신 다음 목에서 코로 빠져나가는 향기를 플레이버라고 한다. 풍미는 음식을 먹었을 때 주로 맛과 냄새, 즉 맛과 플레이버가 결합된 종합적인 감각이다. 풍미를 살리는 데에는 플레이버가 맛과 동등하거나 그 이상으로 크게 공헌하는데도 맛이 더 중요하다고 생각하는 것은 무엇 때문일까. 그 이유 중 하나로 해부학적인 구조의 특성을 꼽을 수 있다.

사람과 돌고래가 냄새를 느끼는 경로는 서로 다르다고 알려져 있다. 사람에게는 아로마와 플레이버를 느끼는 두 개의 경로가 있는 반면, 돌고래의 경우에는 입안과 비강이 통해 있지 않기 때문에 아로마만 느낄 수 있다. 대기 중 떠다니는 냄새분자를 직접 코로 들이쉬며 맡는 후각은 전비강성(前鼻腔性, orthonasal) 후각이고, 음식을 입에 넣었을 때 음식분자가 인두에서 코로 빠져나가는 후각은 후비강성(後鼻腔性, retronasal) 후각이다.

사람은 신체 구조상 입안에서 나는 냄새를 목구멍을 통해서 코로 맡을 수 있기 때문에 맛과 냄새를 동시에 감지할 수 있는데 이것이 맛과 냄새를 구별하기 어렵게 만드는 요인으로 보인다.

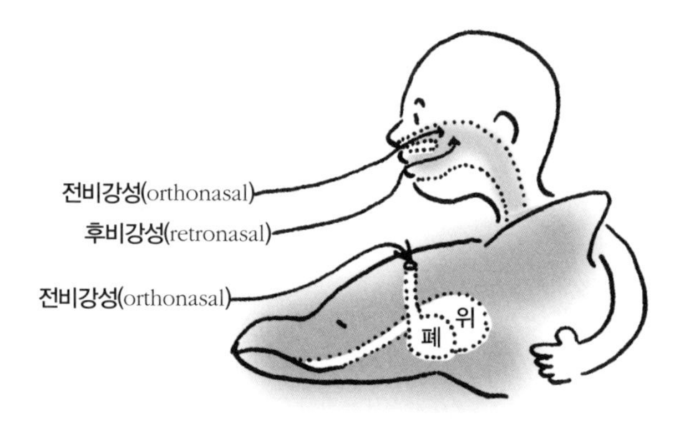

맛과 냄새의 상호작용이 식문화를 만들었다

맛과 냄새라는 별개의 정보가 서로 어울려 풍미로 재구성된다는 것은 진화 과정에서 발달한 생존 전략이라고 볼 수도 있다. 맛은 다섯 가지밖에 없지만 수십만 개나 되는 냄새 정보와 조합함으로써 눈으로 볼 때보다 더 상세하게 음식을 감별할 수 있다. 그 결과 우리는 먹을 수 있는 것과 피해야 할 것을 더욱 확실하게 선택할 수 있게 된다. 이처럼 맛과 냄새의 상호작용은 동물의 생존에 중요한 역할을 한다.

사람들은 대부분 카레의 양념 맛이 강한 향을 맡으면 카레 맛을 상상하게 된다. 이처럼 특정한 냄새를 통해서 맛이 연상된다는 것은 후각과 미각이 동시에 작용하고 있음을 뜻한다. 맛있는 요리를 만드는 데에도 맛은 미각, 냄새는 후각이라는 서로 다른 감각 사이에 어떤 상호작용이 일어나고 있는지를 파악할 수 있다면 어떤 힌트가 떠오를지 모른다. 예를 들어 캐러멜향차를 마시면 캐러멜의 달콤한 냄새 때문에 단맛이 더 난다고 느끼게 되어 만족감을 얻어 당분 섭취를 줄일 수 있다. 게다가 저염간장에 간장 냄새를 첨가해서 짠맛이 부족한 느낌을 보완한 상품도 개발되었다. 간장 냄새가 짠맛을 보강한 상품이다.

식품의 풍미에는 여러 가지 감각이 함께 작용한다. 미각과 후각만 놓고 보더라도 수많은 맛분자와 냄새분자가 관여하고 있으며 이 둘의 조합에 의해서 일어나는 엄청난 상호작용이 요리 안에서 펼쳐져 풍미에 영향을 미치고 있는 것이다.

칼럼 ❺ 감칠맛을 상승시키는 분자 메커니즘과 '감칠맛 버거' 개발

다시마와 가다랑어포로 우려낸 맛국물은 일본 요리의 기본이다. 맛국물을 섬세하게 우린 맑은 국물의 우아한 풍미를 맛보면 미소가 저절로 피어난다. '일본인이라서 다행이구나' 싶은 느낌이 드는 순간이다.

다시마국물의 감칠맛 성분인 글루타민산에 가다랑어포의 감칠맛 성분인 이노신산을 더하면 상승효과가 일어나 그 감칠맛이 배가된다는 것은 예로부터 잘 알려진 사실이다. 하나의 감칠맛을 가진 다시마와 다른 하나의 감칠맛을 가진 가다랑어포를 합치면 그 맛국물의 감칠맛은 8배가 된다. 더욱이 표고버섯에 들어 있는 이노신산 같은 핵산 계열의 구아닐산도 글루타민산에 의해 감칠맛을 30배로 증가시킨다. 즉 여러 가지 감칠맛을 조합한 맛국물은 '1 + 1 =8' 혹은 '1 + 1 =30'이라는 기적을 만들어낸다.

다시마와 가다랑어포 혹은 다시마와 표고버섯을 섞으면 맛이 좋아지는 이유는 그동안 수수께끼로 남아 있었다. 그러나 그 상승효과가 일어나는 메커니즘이 분자 수준으로 밝혀지기 시작했다.

감칠맛을 느끼는 수용체인 T1R1은 콩에서 난 싹 같은 쌍떡잎 모양을 하고 있다. 글루타민산과 이노신산이 T1R1 쌍떡잎 어느 부분에 결합하는지 특수한 세포를 이용해서 조사했더니, 글루타민산은 쌍떡잎이 둘로 갈라지기 시작하는 잎자루 중심에, 이노신산은 쌍떡잎 끝에 각각 결합하는 것으로 밝혀졌다.

이노신산이 결합하면 쌍떡잎이 서로 합쳐진 구조가 되고 글루타민산이 안정적으로 수용체 안에 머물기 때문에 감칠맛 신호를 세포 안으로 훨씬 잘 전달하게 되고, 그 결과 맛을 증가시킨다.

구아닐산의 감칠맛 증강에 관한 분자 메커니즘도 거의 동일하다. 쌍떡잎의 글루타민산 수용체에 감칠맛 성분인 글루타민산이 결합하면 감칠맛 지각신경에 도달하는 '스위치'가 '오프' 상태에서 '온' 상태로 되고 최종적으로 뇌에서 감칠맛을 느끼게 된다. 글루타민산이 쌍떡잎에 결합하고 그 쌍떡잎 끝에 구아닐산이 결합하면 알로스테릭 효과(allosteric effect)라는 수용체의 구조 변화에 의해서 신호의 온 상태가 오랫동안 안정적으로 유지됨으로써 감칠맛이 더욱 강하게 느껴지는 것이다.

버거의 성지인 미국에는 이 감칠맛 성분이 풍부한 자연 식재료와 가공 식재료를 사용하여 감칠맛의 상승효과를 살린 '우마미버거(Umami Burger)'

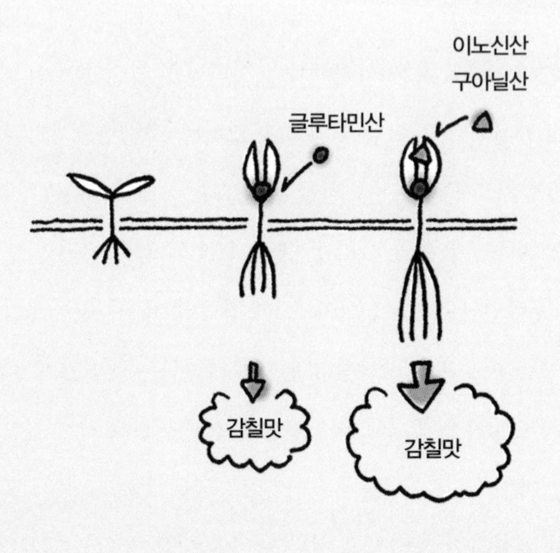

라는 햄버거 가게가 있다.

그 공개된 레시피를 살펴보면, 숙성시켜 감칠맛을 더한 소고기패티, 버터로 볶은 표고버섯, 파마산 치즈를 갈아서 튀긴 파마산칩스, 오븐 드라이 토마토, 양파를 40분 이상 볶은 양파캐러멜 등 감칠맛이 꽤 풍부한 것들이다. 그리고 조미료 준비도 얼마나 철저한지 감칠맛이 진한 산마르짜노토마토, 토마토페이스트로 만든 우마미케첩, 안초비, 맛간장, 우스타소스를 배합한 오리지널 우마미조미료를 쓴다. 안초비는 이노신산이 풍부하고 발효 과정에서 정어리의 단백질이 분해되어 생성된 글루타민산이 많이 함유되어 있어서 이 자체로도 감칠맛의 상승효과가 높은 식재료이다.

이노신산이나 구아닐산 같은 분자가 감칠맛을 높여주는 감칠맛 개선제로 어떻게 작용하는가를 분자 수준으로 이해하는 것은 감칠맛 상승효과의 메커니즘을 분석하는 데 중요한 사항이다. 또 이것을 응용하면 감칠맛버거처럼 논리에 입각한 조리 · 조미가 가능하고 한 단계 더 나아가 새로운 차원의 맛내기도 가능할 것이다.

3 요리의 질감과 온도를 느끼다

풍미와 쌍벽을 이루는 식감

요리 속에 '짜인' 맛, 질감

겉은 바삭하게 구워지고 속은 촉촉한 프랑스빵 바게트. 겉이 포슬포슬 부서지는 파이 생지와 아삭아삭 씹는 맛이 좋은 홍옥 사과의 대비가 특징인 애플파이. 한여름이나 건조한 계절에 목을 톡 쏘며 위장으로 내려가는 탄산수와 맥주의 짜릿한 맛. 하지만 아무리 맛과 향이 같다 해도 축축한 빵과 파이, 김빠진 맥주와 콜라는 역시 맛이 없다.

맛에 크게 영향을 미치는 것은 혀와 코로 느끼는 풍미뿐 아니라 입에 넣고 씹을 때 올라오는 느낌, 입이나 혀에 닿는 감촉, 목 넘김 같은 물리적인 촉각이다. 이처럼 음식을 입에 넣고 씹고 삼킬 때까지 입술 · 이 · 입천장 · 목에서 느껴지는 다양한 물리적인 감각을 우리는 질감(texture)이라고 부른다. 질감은 원래 '옷감을 짜다', '엮다'란 뜻의 라틴어인 텍소(texo)에서 파생된 말로 직물의 촉감을 이른다.

질감이라는 용어를 정의하기 어려워서 여러 주장들이 분분하지만 그 중 대표적으로 꼽히는 것이 1962년에 미국 제너럴푸즈에서 일하던 쩨스냑이 내린 정의이다. 그에 따르면 질감이란 식품의 구조적인 요소(분자 수준, 미시적 · 거시적인 수준의 구조)와 생리적으로 느껴지는 상태 둘 다를 포함한다. 다시 말해서 음식을 먹었을 때 인간이 입안에서 느낄 수 있는 물리적 감각인 식감(mouthfeel)과 음식이라는 물질이 갖고 있는 성질인 물성(physical property)을 합한 뜻이다. 식으로 나타내자면 '질감=식감+물성'이다.

질감은 풍미에도 영향을 미친다

음식에 들어 있는, 혀로 느끼는 단맛 · 짠맛 · 신맛 · 쓴맛 · 감칠맛 같은 미각분자와 코로 느끼는 냄새 같은 후각분자가 결합된 것이 '화학적인 맛'이라면, 입술과 입안, 인두, 치아로 느끼는 질감은 음식의 물성을 반영하는 '물리적인 맛'이다. 질감은 풍미와 함께 맛에 영향을 주는 2대 요소로 꼽힌다.

질감과 풍미는 음식의 종류에 따라서 맛에 대한 영향력이 다르다. 질감은 이로 씹어 먹는 쿠키 같은 고형식품의 맛에 더 영향을 미치고, 풍미는 그대로 마셔 넘기는 주스 같은 유동식품의 맛에 더 영향을 미친다.

게다가 풍미의 성분인 맛분자나 냄새분자가 식품의 질감을 변화시키는 경우는 적지만, 질감의 요소들은 맛분자나 냄새분자가 입안에서 퍼지는 속도를 변화시키기 때문에 간접적으로 풍미의 강약을 조절한다. 예를 들어 고체인 팥소의 당도는 약 60%로 높은 편에 속하는데, 액체인 팥죽을 같은 당도로 만들면 너무 달게 느껴지기 때문에 팥소와 비교해서 팥죽의 당도를 상당히 낮게 잡는 것이다.

일반적으로 식품은 조직이 단단할수록 풍미가 약해지는 경향이 있다. 맛이나 향의 성분과 결합하는 수용체에 도달하기 어렵기 때문이다. 그래서 양념이 쉽게 배지 않는 단단한 당근과 우엉 같은 뿌리채소를 조리거나 되직한 카레를 만들 때에는 양념이 배기 쉬운 양배추나 배추 같은 잎채소를 같이 넣고 조리거나 묽은 수프식 카레보다 농도를 더 진하게 해야 한다.

고형식품은 유동식품보다 입안에 머무는 시간이 더 길고 그 사이에 질감은 시시각각 변한다. 따라서 맛과 관련하여 차지하는 물리적인 비중은 질감이 풍미보다 더 크다고 볼 수 있는 것이다.

질감을 좋아하는 일본인

일본인의 주식인 밥은 적당한 강도와 탄력성, 그리고 점성 등이 맛을 좌우한다. 작은 생선이나 콩자반의 씹는 맛, 참치뱃살이나 마블링이 풍부한 소고기의 황홀한 식감, 일본 전병과 김구이의 바삭바삭한 맛, 겉은 바삭하고 속은 촉촉함이 그대로 살아 있는 튀김의 대조적인 맛 등등 일본 요리에서 질감이 차지하는 비중은 상상을 뛰어넘을 정도로 크다.

특히 일본의 식문화는 '목 넘김 문화'라고 할 만큼 우동, 소바, 우무, 자완무시처럼 목구멍을 통과할 때의 느낌을 즐기는 음식이 많이 있다.

맛집을 소개하는 리포터가 음식의 맛을 표현할 때도 '부드럽다', '살살 녹는다' 같은 맛이나 냄새에 대한 표현보다는 주로 식감에 대한 표현을 많이 하는 편이다.

실제로 일본어에는 아삭아삭, 사각사각, 매끈매끈, 탱글탱글, 바삭바삭 등 의성어와 의태어로 질감을 표현하는 말이 외국어보다 제법 많은 것으로 조사되었다. 질감을 표현하는 단어가 영어는 약 75개인 데 비해 일본어는 그보다 다섯 배가 넘는 406개나 된다는 유명한 조사 결과도 있다.

일본어에 질감을 표현하는 말이 많다는 것은 일본 음식의 질감이 다채로울 뿐만 아니라 일본인이 식감에 예민하고 또 그것을 말로 표현할 줄 아는 사람들이란 뜻이다. 일본 음식의 단순하면서도 매우 섬세한 수묵화 같은 맛의 열쇠는 질감이 쥐고 있다고 해도 과언이 아니다.

질감의 정체

다양하게 존재하는 질감의 특성

질감이란 구체적으로 어떤 것일까. 앞에서 언급한 쩨스냑 연구팀에 따르면 질감의 특성은 역학적 특성(굳기, 응집성, 점성, 탄성, 부착성)과 기하학적 특성(입자의 크기와 형태, 입자의 형태와 방향성), 기타(수분 함량, 지방 함량)로 분류할 수 있다.

예를 들어 일본 가가와 현 일대에서 생산되는 사누키우동은 면발이 탱탱하고 쫄깃쫄깃해서 목으로 넘어갈 때의 느낌이 좋기로 유명한데 이 우동은 굳기, 탄력성, 씹는 느낌 따위 역학적 특성이 면발 특유의 쫄깃함에 영향을 준다. 면발 표면의 매끄러움도 목 넘김을 부드럽게 해 준다.

더운 여름철에 찐 감자를 으깨고 생크림을 섞어 차게 해서 먹는 비시수와즈는 감자 세포가 작은 입자로 물에 분산되어 있는 수프이다. 이것을 맛보면 입안에서 작은 알갱이들이 포슬포슬하게 입체적인 느낌을 주는데 바로 감자 세포 입자가 지닌 질감 때문이다. 이 질감이 나지 않는 수프는 감자 세포가 부서져서 속에 들어 있던 녹말이 유출되어버렸기 때문에 식감이 끈적끈적해지고 그다지 맛있게 느껴지지 않는다.

질감을 감지하는 구조

우리는 질감을 어떻게 느끼고 있을까.

질감은 크게 피부에 닿아 느껴지는 촉각(또는 압각)과 심부감각(深部感

覺)으로 나뉜다. 미각은 전신 중 혀, 즉 한 부위로만 느낄 수 있는 감각이지만 촉각은 입뿐만 아니라 피부로도 느낄 수 있는 감각이다. 일반적으로 미각처럼 몸의 특정 부위에만 수용체가 존재하는 감각을 특수감각, 촉각처럼 살갗이라면 어디에서나 느낄 수 있는 감각을 체성감각이라고 한다.

입안에서 느껴진 체성감각 정보는, 아래턱에서는 삼차신경감각핵, 혀에서는 설하신경핵, 빰과 입술에서는 얼굴의 안면신경핵을 거쳐서 시상에 전해지고 대뇌피질의 제1차 체성감각영역에 다다른다. 이 제1차 체성감각영역은 질감과 관련된 위치, 크기, 형태를 식별하는 데 관여한다. 체성감각영역에 모인 정보는 전두연합영역에서 미각, 후각, 시각 등 다른 감각 정보와 통합되고, 기억되어 있는 정보와 대조 · 확인을 거친다.

또한 음식을 입에 넣어 씹고 삼키는 저작 · 연하는 보통 우리가 의식하지는 않지만 입과 목 주변의 근육이 함께 움직여서 일어나는 복잡한 운동이다. 이 저작 · 연하 운동은 섭취한 식품의 물성이나 크기에 따라

달라지며 저작이 시작되면 연하운동도 동시에 아주 활발하게 이루어지는 것으로 알려져 있다.

식감의 시대로

사람들 중에는 딱딱한 빵을 좋아하는 사람이 있는가 하면 부드러운 빵을 좋아하는 사람이 있다. 누구에게나 질감을 감지하는 수용 시스템이 있지만 그것은 경험과 연령마다 발달 정도가 다르고, 식감 또한 사람마다 좋아하는 정도가 다르다. 식품에도 하나하나 최적인 형상이 있고 질감에 대한 최적의 답도 사람에 따라 달라진다.

또한 질감은 먹기 수월한 정도에 영향을 준다. 간편하게 빨대로 먹을 수 있는 식품, 어린아이와 노인을 대상으로 한 식품, 요양식 등 질감을 조절한 식품이 많이 팔리고 있다. 맛있는 요리를 만들기 위해서는 식품 질감의 특징을 알고 질감이 사람의 감각에 어떤 영향을 주는지, 또 어떤 식감을 내는지를 중요하게 생각해야 한다.

온도에 따른 맛

온도에 따른 풍미의 변화

아이스크림이 차가울 때는 맛있지만 녹으니까 너무 달았다든지, 뜨끈한 된장국이 식으니까 너무 짰다든지 하는 경험을 누구나 해본 적이 있을 것이다. 이것은 온도 또한 맛을 결정하는 중요한 요소라는 것을 말해준다.

아이스크림의 경우처럼 온도에 따라서 당도가 변하는 이유는 단맛을 느끼는 맛세포수용체에 의해 일어나는 화학반응이 온도에 따라서 달라지기 때문이다. 단맛이나 감칠맛처럼 세포막에서 맛분자를 받아들이는 수용체는 체온과 비슷한 온도일 때 가장 예민한데 짠맛이나 신맛과 같은 이온채널은 온도의 변화를 잘 받아들이지 못하는 성질이 있다.

아이스크림을 직접 만들어보면 설탕이 생각보다 너무 많이 들어간다는 사실에 깜짝 놀라게 된다. 그런데도 차가운 아이스크림이 그렇게 달게 느껴지지 않는 까닭은 차가운 아이스크림이 혀에 닿으면 찬 온도에 의해 단맛수용체의 반응이 무뎌지기 때문이다. 또한 된장국이 뜨끈할 때 최상인 감칠맛 성분은 온도가 내려가면 점점 약해지지만 짠맛은 크게 변하지 않는다. 따라서 된장국이 식어버리면 짠맛만 두드러지게 된다.

온도는 식품이나 음료수의 향을 내는 데에도 관여한다. 일반적으로 식품을 뜨겁게 하면 향이 피어오르고 후각기관이 반응하게 된다. 따끈한 국물은 기체인 향기분자를 무수히 내뿜는다. 예컨대 옥수수수프나 중식 수프를 숟가락으로 떠먹을 때보다 된장국 그릇을 들고 그 국물을 직접 마시는 쪽이 향 성분을 훨씬 많이 들이마시게 되는 것이다.

온도를 어떻게 느끼고 있는가

온도는 미각과 달리 살갗 곳곳에서 느낄 수 있는 체성감각이다.

미각은 맛분자가 맛세포에 작용함으로써 신경전달 경로를 거쳐서 뇌에 전달되지만 온도감각은 맛세포와 같이 특별한 세포를 필요로 하지 않는다. 온도는 피부밑에 있는 신경말단에 직접 작용해서 그 자극을 느끼는 것이다.

온도 변화에 민감하게 반응하는 신경섬유에는 40~45℃에서 가장 잘 반응하는 '온섬유(温纖維)'와 25~30℃에서 가장 잘 반응하는 '냉섬유'가 있으며, 이들은 적절하게 역할을 분담하고 있다. 이들 신경은 체온과 비슷한 30~40℃에는 거의 반응하지 않기 때문에 우리는 보통 체온과 비슷한 온도에는 뜨거워하지도 차가워하지도 않는 것이다.

고추의 '가짜 열'과 박하의 '가짜 냉감'

요리를 데우는 온도와 상관없이 식재료 중에는 종류에 따라 뜨겁다거나 차갑다거나 하는 것이 느껴지는 식재료가 있다. 예로부터 동양의학에는 몸을 따뜻하게 해주는 '양(陽)'의 음식, 몸을 차갑게 해주는 '음(陰)'의 음식이 있었다. 몸을 덥히는 것에는 고추가, 식히는 것에는 박하와 민트가 널리 알려져 있고 이런 음식이 작용하는 메커니즘이 차츰 밝혀지기 시작했다.

고추의 매운맛 성분인 캡사이신은 혀와 입안에 있는 TRPV1이라는 수용체와 결합해서 매운맛의 자극을 전달한다. 체내에 흡수된 캡사이신은 아드레날린이 주성분인 카테콜아민 분비를 촉진해서 교감신경을 활발하게 하고 발한 · 발열을 부추긴다. 캡사이신을 입에 넣으면 뜨겁고 맵게 느껴진다. 이 TRPV1은 캡사이신뿐만 아니라 열을 감지하는 수용체이기도 하다. 다시 말해 우리 몸은 열과 캡사이신이라는 서로 다른 자극을 받아도 똑같이 반응한다는 것이다. 따라서 고추의 자극은 실상은 뜨겁지 않은데도 뜨겁다고 느끼는 '의사 뜨거움' 혹은 '가짜 열'이라고 할 수 있다.

한편 고추와는 반대로, 박하와 민트의 시원하게 느껴지는 성분인 멘톨은 몸 표면에 있는 냉감수용체인 TRPM8과 결합하여 냉감 자극을 뇌에 전달한다. 그러면 체온이 떨어진 것과 같은 반응이 몸에서 일어나게 된다. 캡사이신의 경우와 마찬가지로 멘톨의 자극도 '의사 차가움' 혹은 '가짜 냉감'인 것이다.

즉 캡사이신 분자와 멘톨 분자가 뜨거움과 차가움을 감지하는 수용체와 결합함으로써 실상은 뜨겁지도 않고 차갑지도 않은데 뇌가 착각하는 것이다. 뜨거운 성질의 캡사이신과 차가운 성질의 멘톨을 동시에 먹으면 과연 어떻게 될까? 실제로 고추와 민트 잎을 동시에 먹어보니 서로의 장점이 상쇄되는 이루 말할 수 없이 혼란스러운 맛이 났다. 한번 시험해보기를 권한다.

칼럼 ❻ 과일을 차갑게 하면 더 달게 느껴지는 이유

과일이 얼음처럼 차가우면 미지근할 때보다 훨씬 단 것 같다. 아이스커피에 넣을 시럽을 따뜻한 커피에 넣으면 단맛이 별로 나지 않는다. 차가운 청량음료는 달콤하지만 상온에 두면 단맛이 없어지는 것 같다. 여러분은 이렇게 느꼈던 적이 없는가? 이것은 결코 기분 탓이 아니다. 여기에는 과학적인 이유가 숨어 있다.

우리가 보통 설탕이라고 부르는 자당(수크로오스, sucrose)의 단맛은 온도에 의해 거의 변하지 않는 데 반해서 과일, 시럽, 청량음료에 들어 있는 과당(프룩토오스, fructose)의 단맛은 온도에 의해 크게 변하는 것으로 알려져 있다. 프룩토오스는 단맛이 5℃에서는 수크로오스보다 약 1.5배나 강하지만 60℃에서는 0.8배밖에 안 나며 온도가 올라갈수록 단맛이 급격히 떨어진다.

프룩토오스를 데우면 단맛이 약해지는 이유는 프룩토오스 용액 속의 '성상'과 큰 연관이 있다. 프룩토오스에는 α형과 β형이라고 하는, 구조식은 같지만 원자의 입체 배치가 다른 입체이성체(立體異性體)가 존재한다. 게다가 α형과 β형의 두 가지 프룩토오스는 사슬모양구조를 매개로 오각형의 α-프룩토푸라노오스와 β-프룩토푸라노오스, 육각형의 α-프룩토피라노오스와 β-프룩토피라노오스라고 하는, 모두 다섯 종류의 구조식 혼합물이 왕래하며 존재한다(그림 2-5).

실제로는 α-프룩토푸라노오스, β-프룩토푸라노오스, β-프룩토피라노오스가 용액 속에서 대부분을 차지한다. β-프룩토피라노오스는 β-프룩토푸라노오스보다 3배 정도로 단맛이 강한데 온도에 따라 이 비율이 달라진다. 대략적인 비율은 20℃에서는 β-프룩토피라노오스 76%, β-프룩토푸라노오스 20%, α-프룩토푸라노오스 4%인 반면, 80℃에서는 β-프룩토피

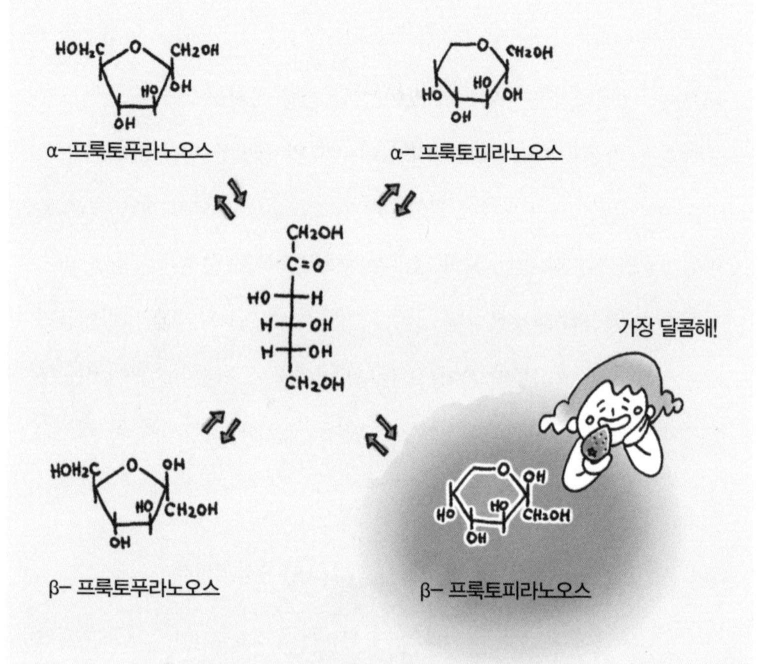

| 그림 2-5 프룩토오스(과당)의 분자 구조 |

라노오스 48%, β-프룩토푸라노오스 35%, α-프룩토푸라노오스 17%이다. 다시 말해서 단맛이 가장 강한 β-프룩토피라노오스는 20℃에서는 전체 프룩토오스 분자 중 80%를 차지하지만 80℃에서는 그 절반에도 못 미치는 것이다.

과일이 시원하면 더 달콤하게 느껴지는 것이나 시럽을 아이스커피보다 뜨거운 커피에 타면 덜 달게 느껴지는 것이나 청량음료가 미지근하면 왠지 단맛이 줄어드는 듯한 느낌 모두 이러한 사실에서 비롯된 것이다. 그렇다면 왜 우리는 프룩토오스 구조에서 β-프룩토피라노오스에 더 단맛을 느끼는 것일까.

967년에 셀렌버거 연구팀은 단맛이 강한 공통 분자구조에 관해 'AH-B 설'이라는 가설을 제시했다. 이 가설에 따르면 단맛을 나타내는 분자 내에는 수소공여기(AH)와 수소수용기(B)가 2.5~4.0Å(옹스트롬) 거리에서 존재하고 단맛수용체에도 AH와 B가 존재하며, 이들끼리 수소결합을 함으로써 단맛 자극이 발생한다는 것이다. 그 뒤 1972년에 키어가, 단맛물질에는 두 개의 수소결합에 관여하는 부위 이외에 소수결합에 관여하는 부위(X)가 존재하며 이들의 상호작용이 단맛수용체에 대한 공간적 배치를

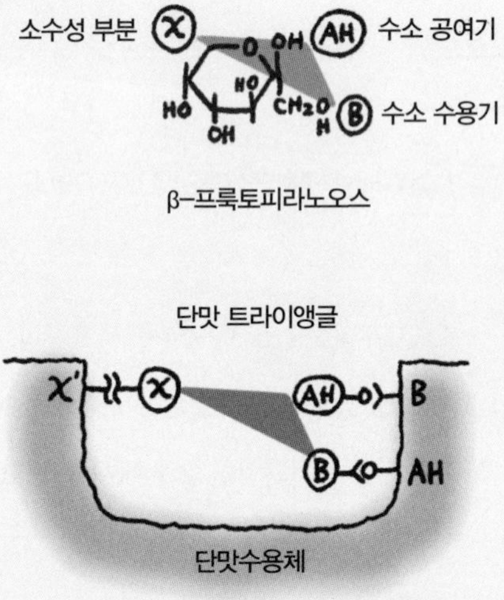

소수성 부분 (X)
(AH) 수소 공여기
(B) 수소 수용기
β-프룩토피라노오스

단맛 트라이앵글
단맛수용체

| 그림 2-6 β프룩토피라노오스와 단맛수용체의 결합 |

셀렌버거 연구팀(1967, 1978)과 키어(1972)의 문헌을 참조하여 작성

가능하게 해줌으로써 단맛이 더욱 증강된다고 하는 'AH-B-X설'을 주장했다(그림 2-6). 실제로 이 AH-B설과 AH-B-X설에 의해서 단맛인 β-프룩토피라노오스의 구조는 단맛수용체라고 하는 '퍼즐'에 들어맞는 분자 '조각'임이 밝혀졌다.

이들 가설이 제시된 지 약 30년이 지난 2001년에 미뢰에 있는 단맛수용체가 발견되어 현재에는 단맛물질이 이 수용체와 어떻게 결합하고 있는가 하는 핵심 부분이 분자시뮬레이션 등을 통해서 서서히 밝혀지고 있다. 이 프룩토오스의 온도에 의한 단맛변화설은 음식과 음식을 먹는 사람 두 측면을 모두 분자 수준으로 조사함으로써 그 메커니즘을 더욱 명쾌하게 설명할 수 있다는 것을 보여준 가설이다.

제3장

요리에 숨어 있는 과학원리

1 맛있는 요리를 구성하는 네 개의 기본 분자

물 — 물분자를 지배하는 자가 요리를 지배한다?

식품 분자의 특성을 아는 것이 분자조리학의 기본자세

그동안 나는 검도와 다도를 배운 적이 있지만 그다지 능숙해지지는 않았다. 다만 스포츠나 전통 예능을 잘하는 비결은 기본에 얼마나 충실했느냐에 달렸다는 것 정도는 체감했다. 검도라면 자세와 발을 움직이는 법, 죽도 잡는 법과 휘두르는 법일 것이고, 다도라면 인사하는 법과 예법 하나하나의 뜻을 생각하면서 차를 달이거나 마시는 법일 것이다. 그렇다면 '요리도(料理道)' 또한 마찬가지 아닐까.

조리기술을 배우는 것도 중요하지만, 식품 분자가 어떤 특성을 띠고 조리 과정에서 어떤 화학반응을 일으키며 맛에 어떤 영향을 미치는지를 알아두는 것은 더욱 중요하다. 요리의 과학적인 기본 원리를 파악해두면 조리의 '문제해결력'을 높이고 새로운 요리를 만들어내는 데 큰 도움이 될 것이다.

요리는 다종다양한 분자가 혼합된 복잡계에 속하는 영역이다. 게다가 조리를 통해서 분자들 사이에 화학적 결합이 이루어지고 원래 없던 분자도 새로 생겨난다. 조리하는 과정에서 단일 성분이나 하나의 반응만을 고려하는 경우는 거의 없지만 주요 구성 성분의 분자적 특성이나 반응계를 파악하는 것은 맛있는 요리의 메커니즘을 과학적으로 분석하는 분자조리학에서 가장 중요한 기본자세라고 하겠다.

가장 흔히 먹는 물분자의 특성

식품 성분 중에서도 물은 거의 모든 식품에 들어 있을 뿐 아니라 다량으로 함유되어 있어서 우리가 가장 많이 '먹고 있는' 분자이다.

채소나 과일에는 수분이 80% 이상 들어 있고 육류나 생선도 70~80%가 물로 이루어져 있다. 수분이 채소에서는 5%, 육류 · 어류에서는 3%가 빠져나가면 신선도와 품질을 유지할 수 없게 된다. 식품의 형태는 물에 의해서 유지되며 물이 손실되면 조직은 손상된다. 물은 식품의 굳기, 점성, 유동성 같은 질감에 중요한 역할을 할 뿐 아니라 맛과 향과 색깔의 변화, 식품에서 일어나는 다양한 화학반응이나 효소반응, 보존성과 안전성에도 크게 관여한다.

또 물은 물질을 녹이는 용매로서 다른 식품 분자의 성질에도 영향을 준다. 특히 물에 잘 녹는 칼슘, 마그네슘 같은 미네랄 성분은 물의 경도(硬度)를 결정하며 이 경도는 맥주나 술을 제조할 때도 그 품질을 좌우한다. 그 밖에도 물의 경도는 맛국물을 우리거나 밥을 지을 때, 육류나 어류를 조릴 때 거품 발생의 정도에도 영향을 미치기 때문에 요리사들은 물을 고르는 데 세심한 주의를 기울인다.

물분자는 화학적으로 산소원자O 1개와 수소원자H 2개가 약 105° 기울기로, H-O-H의 V자 모양으로 되어 있다. 산소는 음(-)전하, 수소는 양(+)전하를 띠고 있다. 양전하인 수소원자는 음전하인 산소원자와 수소결합을 한다. 이 물분자의 수소결합이 요리에 큰 영향을 미치는 것이다.

먼저 물분자는 탄수화물이나 단백질 같은 고분자와 수소결합을 해서 다른 분자를 잘 녹인다. 식품 성분과 수소결합을 하고 있는 물은 결합수, 수소결합을 하고 있지 않은 물은 자유수라고 부른다. 결합수는 이른바 '속박되어 있는 물'이기에 미생물이 번식하기 어려운 물이다. 반면 자유수는 미생물이 번식하기 쉬운 물이다. 그래서 자유수가 많은 채소와 육류는 신선하지만 그만큼 상하기도 쉬운 것이다. 그렇기 때문에 식품을 만드는 과정에서 얼마나 '자유수를 줄이고 결합수를 늘리느냐' 하는 연구가 진행되고 있다. 예를 들어 잼과 마멀레이드, 김치 같은 채소절임, 생선자반 등은 오래 보관하기 위해서 설탕이나 소금을 첨가해서 그 식재료에 함유된 자유수를 결합수로 바꾸어주는 것이다.

요리에 크게 영향을 미치는 수소결합

보통 물질은 액체에서 고체로 상태가 변하면 부피가 줄어들지만 물은 예외적으로 얼음이 되면 부피가 9%나 늘어난다. 이 현상에도 수소결합이 관여한다. 얼음은 강한 수소결합에 의해 3차원으로 펼쳐진 결정 구조를 이루어 빈 공간이 많이 생기기 때문에 얼음의 부피가 액체인 물보다 큰 것이다.

냉동된 고기를 해동하면 육즙이 나오는 것은 수분이 얼면서 부피가 팽창하여 세포조직이 파괴되었기 때문이다. 또 조림용 냉동건조 두부는 제조 단계에서 일부러 두부를 천천히 얼려 두부에 함유된 수분이 큰 얼음 결정이 되면 구멍이 숭숭 뚫린 독특한 스펀지 모양의 두부가 된다. 이렇게 하면 그 구멍 속으로 양념이 잘 밴다.

반대로 물을 가열하면 물분자는 수소결합에서 해방되어 자유롭게 움직일 수 있는 수증기가 된다. 그러나 물분자 사이의 수소결합력은 다른 분자들의 결합력에 비해 월등히 강해서 물 1g을 1℃ 올리는 데 필요한 에너지는 철 1g을 1℃ 올리는 데 필요한 에너지의 약 10배이다. 철냄비를 레인지에 올려놓으면 냄비는 금세 뜨거워지지만 냄비 안 물은 그만큼 따뜻해지지 않는 것은 물분자 사이의 수소결합의 힘이 강하기 때문이다.

게다가 열 흡수 · 방출에도 물의 수소결합이 크게 관여한다. 땀을 흘리면 몸이 식는데, 이것은 물이 액체에서 기체로 변할 때 수소결합을 끊기 위해 주위 열을 빼앗아 공기 중으로 방출하기 때문에 일어나는 현상이다. 이것이 기화열이다. 반대로 뜨거운 수증기가 식어서 액체로 되는 경우에는 기화할 때 필요했던 열과 같은 양의 열, 즉 응결열을 방출한다. 그 때문에 같은 100℃로 설정한다면 드라이오븐보다는 스팀오븐을 사용하는 것이 열전달도 더 빠르고 조리 시간도 더 짧다. 한편 사람이 들어가는 습식 사우나 온도는 약 40~50℃로 보통 건식 사우나 온도 80~100℃보다 압도적으로 낮다. 그 이유는 습식 사우나 온도를 더 높이면 온몸에 쏟아지는 응결열 때문에 눈 깜짝할 사이에 고기만두처럼 익어버리기 때문이다.

또한 무더운 여름이나 건조한 겨울에 만드는 요리, 예컨대 빵과 오븐에서 익힌 그릴요리 같은 것은 똑같은 조리법으로 만들어도 맛이 전혀 다를 때가 있다. 이것은 주위 환경 중 물, 즉 습도와 연관 있을 가능성이 매우 높다. 레시피에 발효 온도나 오븐의 가열 온도는 쓰여 있어도 공기 중 습도까지는 적혀 있지 않다. 레시피대로 만들었는데도 왠지 잘 안 됐다고 여겨질 때에는 이런저런 이유 중 하나로 습도의 영향은 아닌지 의심해볼 만하다.

◐ 지질 — 죄 많은 맛분자

기름의 매혹적인 맛

기름이 많이 들어간 요리는 '애석하게도' 아주 맛있다. 마블링이 들어간 소고기스테이크, 참치대뱃살초밥, 장어덮밥, 카레, 라면, 햄버거, 초콜릿, 소프트아이스크림 등 기름에는 사람의 마음을 훔치는 마력이 있다. 흔히 상온에서 액체 상태로 있는 기름을 한자로는 유(油)라고 하며 고체 상태로 있는 기름을 지(脂)라고 구분해서 쓴다.

유지와 지방을 과학적으로는 지질이라고 한다. 지질의 열량은 약 9kcal/g으로 당질이나 단백질의 4kcal/g보다 2배가 넘는다. 지질이 신체 활동에 중요한 에너지원이라서 맛있게 느껴지는 것인지 아니면 맛있는 것은 원래 고칼로리인지 분명하지 않지만, 이 맛있는 분자를 과식하면 비만이나 동맥경화, 심장질환, 유방암, 대장암 같은 성인병의 원인이 될 위험도 있다. 그렇다 하더라도 가을철 진미인 기름기가 자르르 흐르고 살이 통통한 꽁치소금구이나 칼로리의 약 75%가 지질인 소혀구이가 식탁에 오른다면 입에 고이는 군침을 참기란 몹시 어려운 일이다.

본디 인류의 역사를 돌이켜보면 거의 굶주림과의 싸움의 역사였다고 할 수 있다. 유사 이래로 사람들의 주요 관심사는 '오늘 뭐 먹지?'였다. 요즘처럼 먹을 것이 남아돌고 배불리 먹을 수 있게 된 것은 아주 최근의 일이며 그것도 선진국 등 특정 지역에만 국한된 현상이다. 우리는 잠재의식 속에 기아를 기억하고 있고 이에 대비해서 자연스럽게 몸에 지방을 축적해두려고 한다. 그렇기 때문에 지질을 맛있다고 느끼며 더 먹고 싶어 하는 것은 말하자면 당연한 결과일지도 모른다. 지질의 섭취량이나 빈도, 시기 등을 스스로 잘 관리하면서 적당히 섭취하는 것이 바람직하다.

버터가 고체이고 올리브유가 액체인 이유

지질은 요리에서 아주 중요한 선수이다. 이것은 주로 요리에 풍미를 가하고 기분 좋게 느낄 만큼 매끄러움을 선사한다. 많은 식품에 스며들면 그 식품의 입체구조를 약화시켜 부드럽게 해준다. 또 열전달 매체로도 작용하는데, 기름의 끓는점은 물보다 훨씬 높아서 기름에 튀기면 식품의 수분이 증발하고 그 자리에 기름이 스며들기 때문에 바삭한 식감과 강한 풍미가 나는 것이다. 이러한 지질의 성질은 그 분자의 특성을 알면 더 명쾌하게 이해할 수 있다.

지질에는 여러 종류의 화합물이 있는데 가장 기본적이고 단순한 지질에는 트리아실글리세롤이 있다. 이것은 건강검진에서 혈당검사 항목에 들어 있는 중성지방을 말한다. 이 트리아실글리세롤은 화학적으로 보면 1분자의 글리세롤에 3분자의 지방산이 각각 에스테르결합을 한 것이다.

트리아실글리세롤을 구성하는 지방산은 주로 탄소원자가 사슬처럼 길게 연결된 형태를 띠는데, 사슬의 길이(탄소의 수)나 사슬 사이의 연결 방식(이중결합의 수)에는 다양한 차이가 있다. 지방산에는 올레인산과 리놀산, 도코사헥사엔산(DHA) 등이 있고, 어떤 지방산이 트리아실글리세롤과 결합하고 있는가에 따라서 그 지질이 고체가 될지 액체가 될지 그 상태가 정해진다.

탄소 간 이중결합이 없는 포화지방산은 지방산을 구성하는 탄소원자가 곧게 뻗어 있어서 트리아실글리세롤 분자들이 탄소에 모이기 쉽다. 반면 탄소 간 이중결합이 있는 불포화지방산은 지방산을 구성하는 탄소원자가 중간이 굽어 있어서 입체구조상 트리아실글리세롤 분자들이 탄소에 모이기 어렵다. 이 분자들이 모이기 쉽고 어려운 차이에 따라 지질의 융점과 입자의 크기, 다시 말해서 녹기 쉬운 정도, 부드러움, 혀끝의 감촉 등이 달라진다. 예를 들어 상온에서 고체인 버터는 포화지방산:불포화지방산이 70:30인데, 상온에서 액체인 올리브유는 그 비율이 15:85이다.

물과 기름을 '화해'시키는 유화제

긴 사슬을 지닌 지방산은 양전하와 음전하를 띠는 극성 물분자와 달리 비극성을 가지기 때문에 지질은 물과 섞이지 않는 소수성 분자이다. 물과 기름이 섞이지 않는 곳에서는 경계선이 생기고 물속에서는 지방입자가 지방구(脂肪球)로 존재하기 때문에 유지방이나 소스를 걸쭉하게 만들 수 있다. 또한 지질들은 서로 잘 녹아 섞이므로 당근에 함유된 지용성비타민인 β-카로틴은 기름에 볶으면 지질 쪽으로 이동한다.

흔히 물과 기름처럼 서로 섞이지 않는 두 액체를 잘 섞이게 하는 일을 유화(乳化)라고 한다. 마요네즈와 초콜릿을 비롯한 수많은 식품, 그리고 기름을 사용하는 요리에서도 반드시라고 해도 좋을 만큼 이 유화 현상이 일어난다.

유화를 가능하게 해주는 물질인 유화제도 지질의 일종이다. 우리에게 널리 알려진 유화제에는 노른자와 콩에 함유된 인지질인 레시틴이 있다(그림 3-1). 레시틴은 글리세롤에 지방산이 두 개 붙은 디아실글리세롤이다. 남은 자리에는 지방산 대신 친수성인 콜린이 인산기(P)를 매개

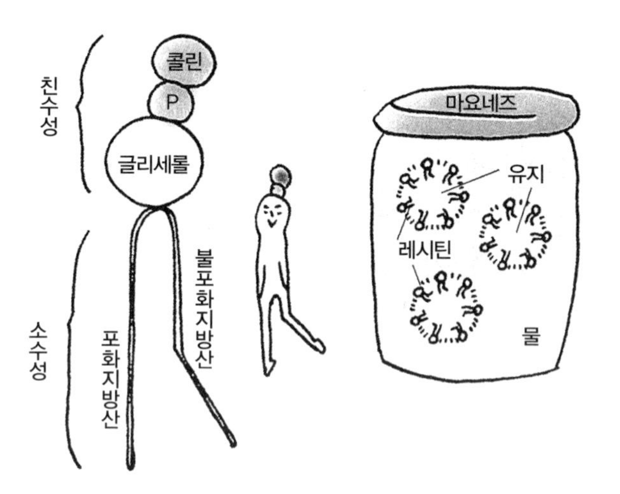

‖ 그림 3-1 레시틴의 구조와 유화 ‖

로 결합되어 있다. 그 때문에 하나의 분자 안에 소수성 부분과 친수성 부분이 모두 들어 있어 물과 기름을 융합시킬 수 있는 것이다. 마요네즈를 만들 때 노른자에 기름을 붓고 휘저으면 물속에 수많은 작은 지질 방울이 생기고 물과 기름의 경계선에서 레시틴이 친수성 부분을 바깥쪽으로, 소수성 부분을 안쪽으로 보내 기름방울을 안정화시킨다.

◐ 당질과 단백질 — 화학적으로 맛있는 저분자, 물리적으로 맛있는 고분자

몸의 에너지원, 당질

당질은 설탕이나 밀가루, 쌀과 같이 흰색을 떠올리게 하는 식품에 많이 함유된 물질이다. 혈당 성분인 포도당과 과일에 들어 있는 과당은 당의 최소 단위인 단당류에 속하며, 포도당과 과당의 단당류가 한 개씩 결합된 자당은 이당류라고 하고, 단당류가 여러 개 결합된 것은 다당류라고 한다(그림 3-2). 포도당이 염주처럼 줄줄이 결합되어 있는 다당류가 바로 녹말이다.

단당류나 이당류 같은 작은 분자는 혀로 핥으면 곧바로 단맛이 느껴지지만, 큰 분자로 이루어진 녹말은 핥아도 맛이 나지 않는다. 그 분자가 조리에 의해서 크게 변하는 당질 분자이기 때문에 그렇다. 녹말은 광합성에 의한 산물이기에 쌀이나 밀가루 같은 곡류, 감자나 고구마 같은 감자류, 콩이나 팥 같은 콩류에 많이 들어 있다.

사람은 생쌀이나 밀가루를 먹으면 배탈이 난다. 이것은 생녹말 속에 결합된 당의 분자구조가 매우 조밀한 탓으로 물에 녹지 않아 날것 그대로 먹으면 소화가 잘 안 되기 때문이다. 그러나 쌀에 물을 붓고 가열하거나 밀가루에 물을 붓고 반죽한 것을 가열하면 녹말의 입체구조가 풀어져 그 녹말분자 속으로 물이 스며들기 때문에 부드럽고 소화하기 쉬운 상태가 된다.

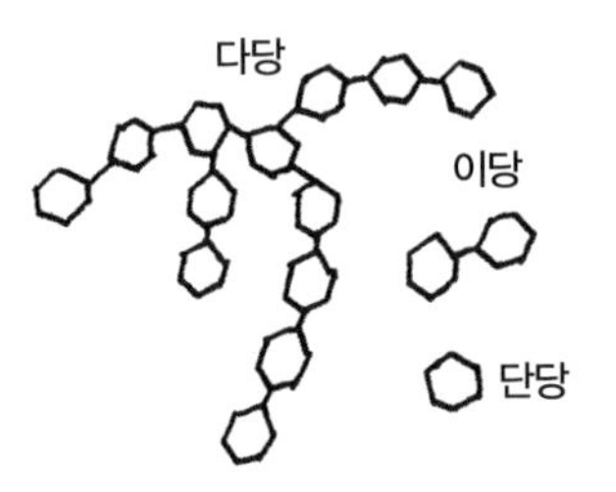

| 그림 3-2 당질분자의 구조 |

또한 채소나 과일의 질감에 큰 영향을 미치는 것은 셀룰로오스, 헤미셀룰로오스, 펙틴 같은 세포벽의 구성 성분이다. 펙틴은 식물의 열매나 뿌리의 유조직(柔組織) 세포벽과 세포벽 틈새를 채우고 있다. 채소류를 조리면 부드러워지는 것은 펙틴이 뜨거운 물에 용해되기 때문이다. 또 덜 익은 과일이 익어가는 과정이나 쌀겨된장에 절인 장아찌가 발효하는 과정에도 여러 가지 효소(펙티나아제 등)가 작용하고 있다.

몸을 만드는 단백질

단백질은 우유, 육류, 달걀, 생선 같은 동물성 식품과 콩류 같은 식물성 식품에 많이 함유되어 있는 물질이다. 단백질을 이루는 기본 요소는 아미노산이다. 우리 인간의 몸과 식품에는 약 10만 종의 단백질이 있는데 불과 20종의 아미노산이 이들 단백질을 만든다.

몸속에서 각 단백질은 독특한 입체구조를 띠고 있는데, 꺾인 것도 있고 둥글게 뭉친 것도 있고 비틀린 것도 있다(그림 3-3). 예를 들어 적혈구에 들어 있는 헤모글로빈은 공모양 단백질이고, 피부에 들어 있는 콜라겐은 나선 모양의 섬유상 단백질이다. 이러한 형태가 생물의 생명활동에 중요한 작용을 하고 있다.

단백질은 다양한 형태를 띠고 있지만 외적 자극에 의해 그 구조가 쉽게 변하는 분자화합물이다. 단백질의 구조는 열(熱), 산(酸), 염(塩), 압력 등에 의해서 급격히 변하기 때문에 식품의 성질 또한 급격하게 바뀐다. 육류나 생선을 구우면 단단해지는 현상, 우유에 유산균을 첨가해서 요구르트를 만드는 과정, 콩으로 두부를 만드는 과정은 모두 단백질분자

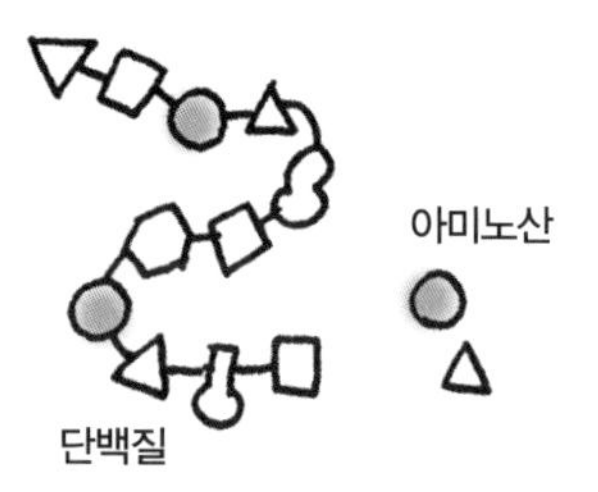

| 그림 3-3 단백질분자 구조 |

의 구조 변화에 의한 것이다.

특히 빵의 경우 밀가루에 들어 있는 글루텐 단백질은 발효되는 과정에서 3차원의 그물 구조를 이루며 탄력성이 있는 막이 형성된다. 이 때문에 빵이 부풀고 모양이 잡히는 것이다. 그러나 글루텐 단백질이 처음부터 밀가루에 들어 있었던 것은 아니다. 밀가루에 들어 있는 글리아딘이라는 둥근 모양의 단백질과 글루테닌이라는 가늘고 긴 섬유 모양의 단백질이 물과 함께 섞여 반죽되는 과정에서 적당한 탄력성을 지닌 글루텐이 형성되는 것이다.

맛을 담당하는 당질과 단백질의 '저분자와 고분자 균형'

당질과 단백질은 저분자의 단당류나 아미노산 상태일 때에는 단맛과 감칠맛 같은 화학적 맛을, 고분자 상태일 때에는 질감에 의한 물리적인 맛을 지니고 있다.

예를 들어 쌀이나 밀가루, 콩 등으로 된장과 간장 같은 장을 만들 때 이것들에 함유되어 있는 고분자 당질과 단백질을 저분자화하면 감칠맛 성분이나 단맛 성분이 증가하게 된다. 한편 빵이나 두부에 들어 있는 단백질은 더욱 촘촘한 그물 구조를 형성하기 때문에 독특한 질감이 난다.

라면, 우동, 소바, 파스타 같은 면류는 특히 식감이 생명이기에 어떤 면이든지 기본적으로 절대 오래 삶으면 안 된다. 라면 면발을 탄력 있게 만들려면 밀가루에 간수라고 하는 알칼리성 염류(탄산칼륨, 탄산나트륨 중조의 혼합액)를 첨가한다. 이 알칼리성 때문에 밀가루의 단백질 성분이 늘어나 면발에는 탄력과 풍미가 생겨나고 녹말 성분은 변성되어 끈기가 생긴다.

이처럼 우리가 평소 먹는 음식은 가공과 조리를 통해서 당질의 저분자와 단백질의 고분자 간 균형을 절묘하게 맞추어 화학적인 맛과 물리적인 맛이 다 나게 만든 것이다.

칼럼 ❼ 요리의 '건축 재료'로서 식재료 분자를 안다는 것의 의의

언젠가 건축가 중에 요리를 좋아하는 사람이 많은 이유는 건축과 요리가 닮았기 때문이라는 이야기를 들은 적이 있다. 요리사가 메뉴를 정하고 식재료의 특징과 조리법, 상차림, 예산을 고려해서 음식을 만들듯이 건축가도 디자인, 재료의 특징, 공법, 환경, 예산 등을 고려해서 집을 지으니 둘은 분명 비슷해 보인다.

자연에 널린 여러 가지 재료를 모아다 자르고 열을 가하여 마무리한 것을 어떻게 보여줄 것인가 하는, 건축과 조리의 과정에는 많은 공통점이 있다. 모따기, 등가르기처럼 건축과 요리에 공통으로 사용되는 용어도 많이 있다.

건축가이자 도쿄대학 공학부 교수인 구마 겐고는 어느 잡지와 가진 인터뷰에서 '돈부리건축론'을 피력한 적이 있었는데 그 내용이 무척 흥미롭다. 돈부리는 그릇에 밥을 담고 그 위에 재료를 얹으면 되는 덮밥이다. 밥과 재료의 조화를 위해, 예컨대 돈가스덮밥이라면 돈가스와 밥이라는 두 이종(異種)을 이어주는 '매질'이 중요한데 달걀이 그 역할을 맡는다. 달걀이 밥과 돈가스가 서로 겉돌지 않게 적절히 이어주고 있어서 다른 생각을 하지 않고 먹기만 하면 된다. 이런 매질을 골라 쓰는 일이 건축설계에서 재료를 골라 쓰는 일과 아주 흡사하다.

예를 들어 돌출된 기둥과 벽걸이용 조명기구의 조화를 위해 그 사이에 일본 전통 종이인 와시로 만든 가림막을 끼워 넣으면 이질적인 두 요소가 하나로 보여 자연스러움이 묻어난다는 것이다. 돈부리에 달걀과 소스를 넣듯이 말이다.

실제로 구마 겐고가 설계한 나카가와마치 바토에 있는 히로시게 미술관에는 가느다란 삼나무 자재를 썼는데, 그것은 가느다란 나무들이 에워싸고 있는 주변 경치와 미술관이 조화를 이루도록 선택한 재료이다. 즉 환경이라는 큰 그릇 안에 그것과 어울리는 재료를 사용하여 빛을 조절하고 주변 경치와 조화를 이루고 있는 곳, 그곳이 바로 히로시게 미술관이다. '건축론의 정수를 돈부리에서 찾는다'고 하는 그의 발상이 참으로 흥미롭다.

요리 측면에서 보자면 건축과 반대로 '요리론의 정수를 히로시게 미술관에서 찾는다'고 할 수도 있다. 건축에서 주위 환경과 조화를 이루는 재료 선택이 중요하듯이 조리에서도 식재료를 선택할 때 다른 식재료나 양념과의 균형을 고려한 선택이 중요하다. 그리고 전체 균형을 놓치지 않으려면 건축가가 건축자재의 특징과 성질에 해박해야 하듯이, 요리사도 식재료의 특징과 성분, 거기에 들어 있는 식품 분자의 미시적인 특성까지 이해하고 있어야 요리라는 건축물을 매력적으로 완성시킬 수 있을 것이다.

그런데 왜 하필 돈부리건축론일까. 그가 돈부리를 고른 이유 또한 꽤 설득력 있게 다가왔다.

돈부리를 먹을 때 뇌에서는 클라이머스 하이(climber's high) 순간 같은 뇌파가 흐르는데, 쓸어 넣듯이 먹다보면 간혹 자아를 잊어버리는 것 같다.

돈부리가 아닌 오차즈케를 급히 먹을 때에도 한두 번쯤은 무아지경에 이른 적이 있지 않을까. 단것을 좋아하는 사람이라면 돈부리보다는 파르페나 안미츠(삶은 붉은 완두콩에 꿀과 단팥죽을 넣은 일본 디저트)가 몰입의 대상이 될지도 모르겠다.

건축은 눈으로 보는 것이라고 여기기 쉽지만 건축을 접하는 일은 '물질을 체내에 받아들이는 프로세스'로 생각해야 한다고, 구마 겐고는 이야기한다. 오늘날 건축은 머리로만 생각하면 된다고 지나치게 강요하는 경향이 있기에 일심불란하게 돈부리를 먹듯이 건축도 온몸으로 받아들였으면 좋겠단 뜻으로 건축론 이름에 돈부리를 붙였다고 한다.

그는 또 건축이 언제나 아름다움을 추구하는 것은 아니며 결국 시각적인 단계에 이르면 아름답다고는 하더라도 그것이 곧 건축의 목적은 아니라고 한다. 끝으로 그가 남긴 명언은, 맛있는 요리가 보기에도 좋다지만 그것은 어디까지나 결과론일 뿐이라는 말이다. 바로 여기에 가스트로노미(미식학)의 본질이 숨어 있는 듯하다.

맛있는 요리의 열쇠를 쥐고 있는 분자

맛분자 — 요리에서 혀의 미뢰로 전달되는 것

정미분자(呈味分子)란

식품에 들어 있는 성분 중 맛을 나타내는 성분을 정미(呈味)라고 한다. 정(呈)이라는 글자는 주로 근정(謹呈)이나 증정(贈呈) 같은 단어에 쓰여서 '정'은 '나타내다'란 뜻이기에 미(味) 자를 붙이면 '맛을 나타내다'가 되고, 맛을 나타내는 성분을 정미분자라고 할 수 있다. 이 정미분자는 기본 맛인 단맛, 신맛, 쓴맛, 짠맛, 감칠맛에 각각 들어 있다.

신맛, 짠맛의 본체는 수소이온(H^+), 염화나트륨(NaCl)이고, 단맛, 쓴맛, 감칠맛에 관여하는 성분은 여러 가지 종류가 있는데, 특히 단맛을 이루는 분자는 그 종류가 아주 많다. 이 다양한 단맛분자들은 우리가 보통 설탕이라고 부르는 자당과 천연감미료뿐 아니라 아스파탐이나 아세설팜칼륨 같은 다이어트 음료수에 함유된 인공감미료에도 존재한다.

이 단맛분자들의 공통점은 달다는 점이지만 그 분자구조는 다종다양하다. 단맛수용체는 이 다양한 단맛물질들을 어떻게 식별할까. 최근에 단맛물질의 식별에 관여하는 수용체 부위가 여러 개 있으며, 단맛수용체가 이들을 적절하게 나누어 사용함으로써 화학적 성질이 다른 여러 종류의 단맛분자에 반응한다는 사실이 밝혀졌다. 또 단맛수용체와 단맛분자의 친화성이 강할수록 단맛도 강하다. 결합력이 높은 아스파탐이나 아세설팜칼륨의 단맛은 자당의 200배나 되는 것으로 알려져 있다.

또 세 가지 대표적인 감칠맛분자를 꼽으라면 글루타민산, 이노신산, 구아닐산을 들 수 있다. 1908년 이케다 기쿠나에가 다시마에서 감칠맛 성분인 글루타민산을 처음 추출한 데 이어 1913년에는 고다마 신타로가 가다랑어포에서 이노신산을, 1958년에는 구니나카 아키라가 표고버섯에서 구아닐산을 발견했다. 감칠맛이 일본의 전통식품에 많이 들어 있다는 점과 감칠맛을 발견한 일본인의 업적 때문에 감칠맛은 전 세계에서도 우마미(umami)로 통용되고 있다.

맛의 상호작용을 조종하여 맛의 마술사로

요리에 들어 있는 정미분자는 우리의 혀에 정해진 자극을 주는 것이 아니라 요리에 함유되어 있는 다른 정미분자에 의해서 다양한 영향을 받는다. 서로 다른 정미분자를 동시에 먹거나 시차를 두고 먹으면 맛의 상호작용에 의해서 대비현상, 상쇄현상, 상승현상, 변조현상 같은 미각현상이 나타난다.

맛의 대비현상은 서로 다른 정미분자를 동시에 섭취했을 때 한쪽의 맛이 다른 쪽에 의해서 강해지는 현상이다. 팥죽이나 수박에 살짝 소금을 뿌리면 단맛이 나는데 그것은 단맛과 짠맛의 대비현상에 의한 것이다. 그 밖에 맑은 국의 감칠맛도 소량의 짠맛에 의해 증가한다.

맛의 상쇄현상은 서로 다른 정미분자를 동시에 섭취했을 때 한쪽의 맛이 다른 쪽에 의해서 약해지는 현상이다. 이를테면 초밥초의 신맛이 짠맛이나 단맛에 의해서 약해지는 현상을 말한다. 커피에 설탕을 넣으면 커피의 쓴맛이 단맛에 의해서 덜 나거나 신 자몽에 설탕을 뿌리면 신맛이 덜 나는 것처럼 느껴지는 것도 상쇄현상이다.

맛의 상승현상은 같은 맛을 지닌 정미분자를 동시에 섭취했을 때 따로따로 먹고 합한 것보다 그 맛이 더 강하게 느껴지는 현상이다. 이것은 일식에서 국물을 우려낼 때 잘 나타나는 현상인데 다시마와 가다랑어포 혹은 버섯을 조합하면 감칠맛이 증가한다. 또 요리에 조미료를 첨가해도 상승현상이 나타난다(칼럼 5 참조).

맛의 변조현상은 한 정미분자가 다른 분자에 의해서 본래의 맛이 다른 맛으로 느껴지는 현상이다. 예를 들어 미라클프루트를 먹고 나서 레몬을 맛보면 레몬의 신맛이 달게 느껴진다든지, 인도 원산인 김네마차를 마시면 단맛이 달게 느껴지지 않는다든지, 아티초크를 먹고서 물을 마시면 달게 느껴진다든지 하는 것이 모두 변조현상에 속한다.

이러한 맛의 상호작용은 경험으로 밝혀진 현상인데 그 메커니즘, 즉 정미분자와 정미분자의 결합 혹은 정미분자와 혀에 있는 수용체의 결합 양상이 서로 영향을 주고받으며 빚어낸 일인지 아니면 뇌 차원에서

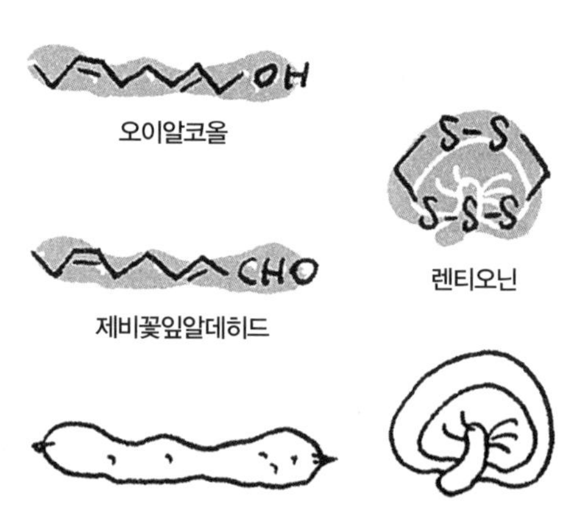

| 그림 3-4 표고버섯과 오이의 향기분자 |

일어나는 일인지 등 정확한 내용은 아직 알려진 바가 없다. 앞으로 정미분자와 맛의 상호작용을 활용한 요리를 적극적으로 시도해보는 것도 흥미로울 듯하다.

향기분자 — 호불호를 좌우하는 가장 중요한 요소

식품을 특징짓는 향기분자

나는 음식을 연구하는 사람으로서 "싫어하는 음식은 없다"고 단호하게 말하고 싶지만 아무리 애써도 잘 못 먹는 것이 있다. 바로 표고버섯이다. 갓 안쪽의 주름이 왠지 괴상해 보여서 그렇기도 하지만 가장 참기 힘든 것은 표고버섯 특유의 향이다. 표고버섯 향의 주성분은 렌티오

닌이라고 부르는 유황을 함유한 고리모양 화합물이다. 이 화합물의 구조식을 가만히 보고 있으면 이것조차 왠지 표고버섯으로 보이는 것이다(그림 3-4).

간혹 오이의 풋내가 싫다는 사람도 있는데 오이의 향기 성분은 오이알코올과 제비꽃잎알데히드(2, 6-노나디엔알)이다. 이 화합물도 줄곧 바라보고 있으면 오이로 보이니 신기할 따름이다(그림 3-4).

여름을 대표하는 생선으로 알려진 은어는 그 상큼한 향이 특징인데, 은어의 향기 성분 또한 오이알코올이다. 이 오이알코올은 채소인 오이와 생선인 은어가 모두 똑같은 경로, 즉 지질을 구성하고 있는 지방산에 리폭시게나아제라고 하는 산화효소, 거기에 리아제라는 탈이효소가 작용하여 생성된다. 한편 양식 은어는 이 효소 활성의 강도가 자연산 은어와 다르기 때문에 향기가 약하다.

표고버섯이나 오이처럼 하나의 식품에 들어 있는 향기 성분은 하나의 분자가 아니라 여러 종류의 분자로 구성되어 있다. 그 향기분자들이 우리의 콧속에 있는 390종류의 각 후각세포와 결합한다. 후각세포와 향기분자들이 적절하게 결합하면 비로소 "앗, 표고버섯 냄새 같은데? 도망가자" 하거나 "오이가 별로 영양가는 없지만 향기가 상큼하니 샐러드에 빼놓을 수 없지" 하고 뇌가 인식하게 된다. 이때 표고버섯과 오이의 전체 향기 형성에 가장 크게 기여하는 것이 바로 렌티오닌과 오이알코올인 것이다.

향기분자를 분리할 때에는 가스크로마토그래프법 등에 의한 기기분석을 사용한다. 기기분석을 통해서 커피에서 약 800종류, 토마토에서 약 400종류의 향기 성분이 발견되었다. 분리된 각 향기분자의 특징은 오직 인간만이 구별할 수 있기에 기기로 향기분자를 분리한 다음 '냄새 맡기'라는 인간의 감각으로 판단하는 방법을 사용한다.

향기분자의 '향기 나는 법칙'

음식에서 피어오르는 향기분자는 그 성질이 기체가 되기 쉬운 휘발성 분자이다. 게다가 우리의 후각은 공기 중에 떠 있는 작은 분자(분자량 350 이하)만을 감지한다. 그러나 휘발성 물질이라고 해서 모두 향기가 나는 것은 아니며 후각세포 냄새수용체의 '열쇠구멍'에 딱 들어맞는 분자만이 향기분자가 된다.

이 향기분자가 냄새수용체와 결합하는 데에는 어떤 법칙이 있다. 즉 휘발성 향기분자는 수소(H), 탄소(C), 질소(N), 산소(O), 유황(S) 등 다섯 종류의 원소로 이루어지며 그 분자구조에는 향기분자임을 나타내는 '몸'이나 '팔' 같은 부분, 즉 '관능기(官能基)'를 갖고 있어야 한다(그림 3-5).

얼핏 보기에 같은 구조를 띤 분자라고 해도 이 관능기의 형태가 다르면 서로 다른 냄새가 난다. 예를 들어 이소아밀알코올은 증류주 같은 냄새가 나지만 형태가 조금 다른 이소바렐알데히드는 코코아 냄새, 이소길초산은 낫토 냄새가 난다.

반대로 관능기가 공통적이고 어느 정도 형태가 유사한 분자는 비슷한 냄새가 나는 경우도 있다. 예를 들어 고기를 구웠을 때 생기는 가열 향기 성분인 말톨이나 시크로텐, 소톨론처럼 고리 모양을 한 히드록실

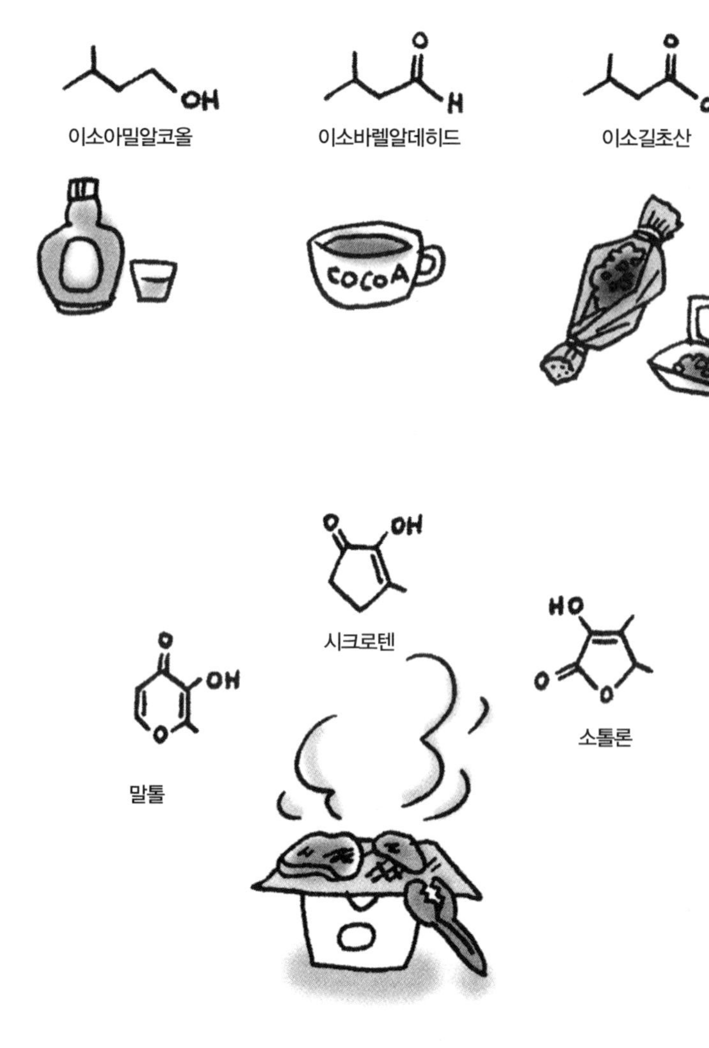

‖ 그림 3-5 관능기와 향기분자 ‖

카르보닐 화합물은 모두 캐러멜과 같이 식욕을 자극하는 향기가 난다.

고기의 잡내를 없애주는 향신료는 향수와 같다?

서로 다른 정미분자에 의해서 맛의 상호작용이 일어나듯이, 향기도 상호작용한다는 사실이 점차 밝혀지게 되었다.

예를 들어 향신료인 클로브 특유의 향기 성분 중에 오이게놀이라는 분자가 있다. 이 오이게놀이 냄새수용체와 결합해서 뇌로 전달된 신호는, 고기나 생선의 잡내가 되는 트리메틸아민의 수용체로부터 나오는 전기신호를 억제하는 작용이 있는 것으로 판명되었다. 또한 생선조림을 할 때 비린내를 잡아주기 위해서 흔히 생강을 넣는데, 생강의 향기 성분인 시네올, 진저롤, 진저베렌 등도 생선 비린내 성분인 아민류보다 뇌에서 더 강하게 느껴지기 때문에 생선 비린내를 별로 개의치 않게 된다. 즉 고기에 클로브 분말을 뿌려서 굽거나 생선을 생강과 함께 조리는 것은 고기나 생선에 들어 있는 냄새 자체를 없애는 것이 아니라 뇌에서 냄새를 느끼지 못하도록 '향신료가 사람 쪽에서 행하는 작용'인 셈이다.

간장이나 술, 소스를 넣고 끓이거나 식초를 더해 산성화시키는 경우는 화학반응에 의해서 잡내 성분을 파괴시켜 성분 자체를 없애는 것이고, 생선회에 양념장을 곁들이는 경우는 '냄새로써 냄새를 제어하는' 것이라고 할 수 있다. 일반적으로 향수도 체취와 땀 냄새를 아예 없애는 것은 아니기 때문에 양념이나 향신료 같은 작용을 하는 셈이다.

고기요리나 생선요리에는 생강, 마늘, 후추, 산초, 일본깻잎 같은 각종 허브와 향신료가 잘 어울린다. 고기나 생선의 불쾌한 냄새를 향신료의 향긋한 냄새로 '뇌에서 바꾸어놓기' 때문이다. 인류는 그 메커니즘을 모를 때부터 고대로부터 내려온 지혜로 이 원리를 요리에 활용해왔다.

색분자 — 맛은 눈에서부터 시작한다

맛있는 귤색은 붉은 망에 담긴 색

맛집이 소개된 웹 사이트를 보며 가고 싶은 음식점을 고르거나 레스토랑에 가서 사진이 딸린 메뉴판을 보며 주문할 때, 또 편의점이나 슈퍼마켓에 가서 식품을 고를 때 우리는 기본적으로 눈으로 본 정보에 의지한다. 직접 먹기 전에는 음식이 내보이는 색과 윤기, 모양 같은 시각 정보가 맛을 판단하는 중요한 재료가 된다.

식재료가 본디 갖고 있는 색소분자나 조리 과정에서 새롭게 나타난 색소 성분은 우리가 느끼는 맛에 큰 영향을 준다. 사람은 그 어떤 색보다 따뜻한 색 계통의 식품, 예컨대 딸기, 사과, 체리 같은 것을 맛있다고 느끼는 경향이 있다. 그러나 붉다고 해서 다 맛있게 보이는 것은 아니며 그 식품이 지닌 고유의 색, 다시 말해서 시금치라면 녹색, 토마토라면 붉은색, 당근이라면 주황색 같은 우리가 '기억하는 색'에 얼마나 가깝냐 하는 것이 식욕을 좌우한다.

그리고 우리는 식품의 실제 색상보다 기억 속에 있는 식품의 색을 더욱 강조해서 인식하는 경향이 있다. 예를 들어 레몬이라면 실제 레몬보다 상상한 레몬 쪽이 훨씬 노란색이 된다. 그 때문에 맛있는 요리의 색은 이제까지 식생활에서 경험한 바에 따른 익숙한 색이어야 한다는 것이 전제가 되기는 하지만 한발 더 나아가 그 색을 조금만 더 강조한 것이 선호된다.

슈퍼마켓에서 파는 채소나 과일을 보면 그 식품마다 그물망 색이 제각기 다른데, 그 이유는 식품의 색을 훨씬 뚜렷하게 보여주기 위함이다. 예를 들어 귤은 붉은색 그물망에, 오이는 녹색 그물망에 담으면 그 식품들이 더욱 선명하게 보인다. 요리할 때 식욕을 돋우는 색을 내려면 식재료의 색을 부각시켜주는 다른 식재료를 선택하거나 조리 방법을 염두에 두는 것이 중요하다고 하겠다.

색으로 매혹하는 일식을 뒷받침하는 분자들

2013년 12월에 '와쇼쿠(和食, 일식), 일본인의 전통 음식문화'가 유네스코 무형문화유산에 등재되었다. 와쇼쿠는 제철에 나는 식재료를 이용하고 다른 맛을 더 내기보다는 식재료 고유의 맛을 살리는 것이 특징이다. 그렇기 때문에 와쇼큐는 맛과 향기로 변화를 주는 방법보다는 식재료를 자르는 방법이나 색채, 그릇에 담아내는 방법을 궁리하고 계절에 맞는 그릇을 사용하는 등 '눈으로 즐기는 요리'라고 할 만큼 음식의 완성미를 중시한다.

식재료의 색은 식물과 동물의 세포와 조직에 들어 있는 아주 '다양한' 색소분자로 구성되어 있다. 색소분자는 분자구조에 의해서 크게 카로티노이드계 색소, 포르피린계 색소, 플라보노이드계 색소로 나뉜다.

당근, 단호박, 옥수수, 토마토, 고추 등에 들어 있는 붉은색, 주황색, 황색은 카로티노이드류에 속하는 색이다. 시금치 같은 녹황색 채소에는 포르피린계 색소인 클로로필과 카로티노이드가 함께 들어 있는데 잎이 시들면 녹색인 클로로필이 분해되고 황색인 카로티노이드가 나타난다. 이것은 토마토나 감귤류 열매가 녹색에서 차츰 붉은색과 황색으로 변하거나 가을 단풍이 붉은색으로 변하는 현상이다. 흑미, 팥, 자주감자, 적색양배추, 포도, 블루베리 등의 아름다운 붉은색, 보라색 성분은 안토시아닌 색소이다. 넓게 보면 플라보노이드류에 속하는 색소이다.

똑같은 붉은색 채소나 과일이라고 해도 토마토나 수박에 들어 있는 붉은색은 리코펜이라고 하는 기름에 잘 녹는 카로티노이드 색소인데 반해 딸기나 체리에 들어 있는 색소는 물에 잘 녹는 안토시아닌 색소이다. 따라서 토마토의 붉은색을 돋보이게 하려면 토마토에 기름을 섞어주는 것이 효과적이고 붉은색 향차를 원한다면 딸기를 이용해서 딸기의 붉은색을 용출시키면 된다. 이처럼 색소분자의 화학적 성질을 알면 더 나은 조리 방법을 선택하는 데 큰 도움이 될 것이다.

식재료가 변색되는 메커니즘

식재료는 색이 변한다. 특히 채소나 육류 · 어류 등 신선 식품은 시간이 지날수록 색이 변하므로 식품의 색을 보면 그 상태나 품질을 어느 정도 판단할 수 있다.

예컨대 육류의 색소 단백질은 미오글로빈이다. 같은 붉은색 색소인

혈액 속 헤모글로빈과는 다르다. 신선한 생고기는 암적색을 띠지만 공기 중에 얼마간 방치하면 선홍색을 띠게 된다. 이것은 암적색 미오글로빈과 산소가 결합해서 선홍색 옥시미오글로빈으로 변하기 때문이다. 슈퍼마켓에서 파는 얇게 저민 고기를 보면 서로 겹친 부분이 암적색인 것은 선홍색 옥시미오글로빈이 되지 않았기 때문인데, 공기에 닿도록 고기를 잠시 펼쳐놓으면 겹쳐 있던 부분이 겹치지 않은 부분과 같은 선홍색으로 변하게 된다.

고기를 오랫동안 공기에 닿게 하면 산화가 진행되어 갈색 메토미오글로빈이 되고, 고기를 불에 구우면 메토미오크로모겐이라는 회갈색

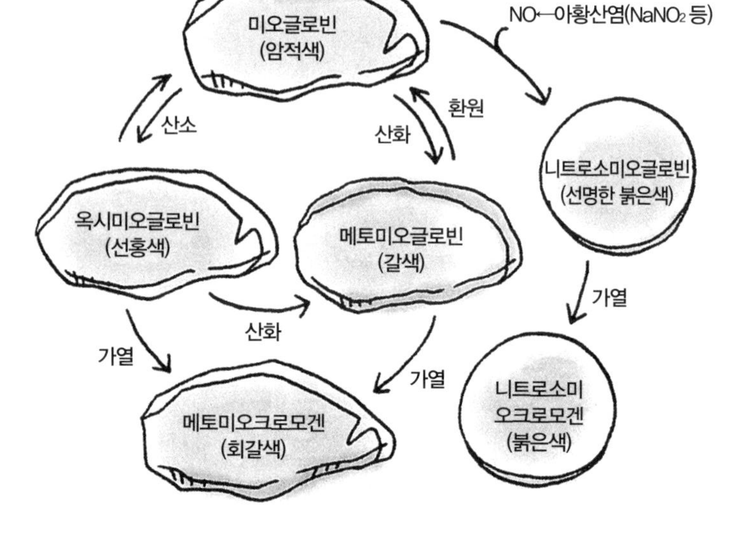

| 그림 3-6 미오글로빈의 변화와 고기의 색 |

분자로 변한다. 한편, 햄이나 소시지 등 가공식품은 색이 안정적인데 이것은 제조 단계에서 첨가하는 아황산염이 미오글로빈에 작용해서 안정적이고 선명한 붉은색 니트로소미오글로빈이 되기 때문이다. 니트로소미오글로빈은 가열되어 니트로소미오크로모겐이 되어도 그대로 붉은색이다.

또 베리 종류에 많은 안토시아닌계 색소는 용액의 pH에 따라서 색이 달라진다. pH2~3의 산성일 때에는 붉은색을 띠며 안정적이다. 예를 들어 허브차로 쓰는 커먼말로우 꽃(보라색)은 뜨거운 물을 부으면 파란색으로 변하고 레몬을 넣으면 분홍색으로 변한다. 이렇듯 커먼말로우 차는 보는 즐거움을 주는 차이다.

요리를 장식하는 색소분자가 어떤 이유로 변하는지 그 메커니즘을 알아두면 장식으로 재현하는 요리나 자신이 표현하고 싶은 요리의 색조를 조절할 수 있을 것이다. 이런 점에서도 색소분자에 대한 과학적 지식은 중요하다고 하겠다.

칼럼 ❽ 푸드페어링 가설과 분자 소믈리에

흔히 '일본 요리는 뺄셈 요리, 프랑스 요리는 덧셈 요리'라고 한다. 일본 요리는 여분의 조리를 최대한 생략하고 재료 자체의 맛을 살리는 것을 우선하지만, 프랑스 요리는 다양한 식재료를 조합해 깊은 맛을 우러나게 하는 소스가 맛의 바탕이 되기 때문이다. 이 덧셈 요리에는 어떤 가설이 존재하는데 그것은 푸드페어링(food-pairing)이라는 가설이다.

프랑스 요리 같은 덧셈 요리에서는 아무 식재료나 더한다고 좋은 것이 아니라 식재료들의 조합이 대단히 중요하다. 소믈리에는 정말 요리와 와인을 조합하는 덧셈 요리의 프로라고 할 만하다.

서로 다른 식재료를 조합하는 데 무엇보다 중요한 것이 향기인데, 서로 다른 종류의 향기가 많이 섞인 요리는 크게 환영받지 못하는 경향이 있다. 예를 들어 카레와 바닐라아이스크림과 오렌지주스를 각각 좋아한다고 쳐도 그 향기가 동시에 나는 음식을 과연 맛있다고 느낄까. 백화점 화장품 매장에서 수많은 종류의 향수가 한데 뒤섞여 나는 냄새를 싫어하는 사람도 제법 많지 않을까 한다.

이처럼 한 요리를 놓고 보면 좋아하는 향기는 그 수가 한정되어 있기에 같은 향기가 나는 식재료들을 조합하면 통일감 있고 깊은 맛이 나는 요리가 완성된다(될 것이다)고 하는 것이 푸드페어링 가설이다.

식재료에 들어 있는 수백 종류의 향기 성분은 기계나 사람의 코에 의지하여 분석되고 그 향기의 종류나 특징은 데이터로 축적되고 있다. 따라서 그 데이터베이스를 활용한다면 과학적인 식재료의 조합을 검색할 수 있다. 예를 들어 초콜릿과 블루치즈는 적어도 73종류의 향기 성분을 공통적으로 지니고 있는 것으로 나온다. 그래서 초콜릿과 블루치즈를 조합한다고 하면 언뜻 터무니없는 소리 같지만 실제로 함께 먹어보면 의외로 맛이 있다.

인터넷에는 이 푸드페어링의 데이터베이스를 활용해서 식재료의 조합을 찾아주는 웹 사이트 'foodpairing.com'도 등장했다. 이 사이트는 향기의

조합이 좋은 식재료끼리 묶어서 '푸드페어링 트리'라는 그림으로 보여주기 때문에 과학 지식이 없는 사람도 쉽게 알 수 있다. 실제로 요리사들도 이 사이트를 참조해서 메뉴를 개발하고 있다. 더욱이 최근에는 푸드페어링 가설에 착안하여 '분자 소믈리에'도 나타났다.

결국 식재료들의 조합, 요리와 음료의 조합이 맞느냐 안 맞느냐는 사람이 먹고 마셔야 판단할 수 있는 일이지만 개인적으로는 요리의 세계에도 데이터베이스를 활용한 정보학이 등장했다는 사실이 매우 인상 깊다.

요리에서 일어나는 반응과 물질의 세 가지 형태

화학반응 — 조리반응의 왕, 마이야르반응의 빛과 그림자

요리에 색과 향기를 부여하는 마이야르반응

조리 과정에서는 다양한 화학반응이 일어난다. 그중에서도 마이야르반응은 조리반응의 왕이라고 일컬을 만큼 가장 중요한 반응이다. 마이야르반응은 1912년 프랑스 과학자인 루이 카뮤 마이야르가 연구했다고 해서 그의 이름을 붙인 것이다.

마이야르반응은 달리 갈변반응으로도 부르듯이 가열조리 과정에서 타서 눌어붙은 자국이 생기는 반응을 가리킨다. 구운 빵 껍질과 고기구이나 생선구이 표면, 누룽지 등에서 흔히 볼 수 있으며 맥주의 황금색, 간장의 갈색, 메이플시럽의 갈색도 모두 마이야르반응에 의한 것이다.

마이야르반응은 단백질의 아미노기와 당의 카르보닐기가 반응하면서 시작된다. 예를 들어 빵을 구우면 원료인 밀가루에 함유된 단백질과 당의 반응에 의해서 모양과 향이 크게 변한다. 이때 굽기 전 반죽 상태에서는 없었던 갈색 색소분자와 구운 빵 고유의 향기분자가 생성된다. 마이야르반응 과정에서 생성된 고분자의 갈변 분자 집단을 멜라노이딘이라고 부른다. 향기 성분은 알데히드류(類)와 피라진류로 마이야르반응 중 스트레커분해라는 과정에서 생성된다. 마이야르반응은 매우 복잡한 반응으로 그 메커니즘이 모두 밝혀진 것은 아니다.

복잡한 마이야르반응의 양면성

마이야르반응에 의해서 생기는 색소분자의 멜라노이딘은 산화를 방지하는 항산화성을 지니고 있어서 마이야르반응이 진행되면 음식의 보존성이 높아진다. 한편으로 반응에 사용되는 필수아미노산인 라이신이 감소하므로 영양성은 낮아진다. 우리가 흔히 먹는 대로 먹어도 라이신 결핍을 초래하는 경우는 없지만, 유아용 분유를 만드는 과정 중 열풍 건조를 하면 마이야르반응이 일어나기 때문에 분유만 먹는 어린 아이들에게는 이 라이신 결핍이 일찍이 심각한 문제였다.

또한 고기나 생선이 탄 부분에는 발암물질인 헤테로사이클릭아민류가 아주 미량으로 들어 있다. 이것도 마이야르반응에 의해서 생성되는

것이다. 그러나 한편으로는 발암을 예방하는 항암물질도 함께 나온다. 가열된 식품에는 마이야르반응에 의한 다종다양한 반응물이 들어 있기 때문에 식품의 영양 기능성을 제대로 평가하려면 반응물 전체를 놓고서 살펴보아야 한다.

최근에는 우리 몸속에서도 이 마이야르반응이 일어난다는 사실이 밝혀졌다. 특히 혈당치가 높으면 혈중 당과 인체 내 단백질의 반응에 의해서 생성된 종말당화산물(AGEs, Advanced Glycation Endproducts)이 증가하는데, 이것이 노화 진행과 질병에 악영향을 미치는 원인 중 하나라고 여겨진다.

◑ 효소반응 — 생물의 힘으로 맛을 만들다

숙성은 효소반응의 선물

식품에 일어나는 반응 중에는 가열에 의한 신속한 화학반응 이외에도 식품의 맛을 천천히 증가시키는 숙성이라는 반응이 있다. 된장과 간장, 와인과 위스키, 육류와 어류 등은 적당한 조건에서 적당한 시간 동안 숙성시키면 기다린 만큼 좋은 맛을 낼 수 있다.

채소나 과일 따위 식재료는 날것 상태에서도 작은 풍미분자를 갖고 있다. 이 식재료와 달리 조리하기 전에는 향기가 거의 없는, 담백한 단백질원인 육류나 어류 등은 숙성을 거쳐야만 감칠맛분자나 향기분자가 생긴다. 본래의 소재로부터 새로운 맛이나 향을 만들어내는 다양한 반응 가운데서도 효소반응은 아주 중요하다.

식품인 식물체나 동물체에는 본디 숨을 쉬는 데 빼놓을 수 없는 효소가 수백 종류나 들어 있다. 생명체가 식품으로 변한 뒤에도 가열에 의해서 효소 작용이 사라지지 않는 한 한동안 효소반응은 계속된다. 또한 미생물에 의한 발효의 진행에도 미생물이 지닌 효소가 맛의 열쇠를 쥐고 있다. 과일의 추숙(追熟), 치즈 제조, 육류의 숙성 등 수많은 맛을 내는 반응에는 효소 작용이 깊이 관여하고 있다.

침과 눈물을 유발하는 효소

딸기, 멜론, 바나나, 사과 따위 과일이 익으면 과일 고유의 냄새가 난다. 양배추, 토마토, 브로콜리 같은 채소에도 그 채소 특유의 냄새가 있다. 이들 모두 그 식물이 제각각 지니고 있는 효소반응계에 의해서 독특한 향기분자가 생성되는 것이다.

채소 가운데서도 양파, 마늘, 부추, 대파 같은 부추속(屬) 채소는 독특한 냄새가 나는데 자연 상태일 때보다 자르면 조직이 파괴되면서 훨씬 더 강한 냄새가 풍긴다. 예컨대 마늘은 조직이 파괴되면 마늘에 들어 있던 알리이나아제라는 효소가 유황 함유 아미노산인 알리인에 작용해서 알리신과 디알릴설파이드 같은 마늘 특유의 성분을 만들어낸다. 또 양파의 경우에는 알리이나아제가 유황 함유 아미노산에 작용하고 여기에 또 다른 양파 특유의 효소가 추가로 작용해서 최루 성분인 티오프로파날 S-옥시드가 생성된다.

마늘이나 양파를 전자레인지에 살짝만 익혀도 냄새가 덜 나고 잘라도 눈물이 많이 나지 않는 것은 효소인 알리이나아제가 열에 파괴되어 더 이상 작용하지 못함으로써 향기 성분과 최루 성분을 생성하는 효소 반응이 일어나지 않기 때문이다.

알리이나아제에 의해서 만들어지는 알리신은 몇몇 생리 작용을 한다는 보고가 있고 비타민B_1과 결합해서 흡수성이 좋은 알리티아민이 된다. 따라서 자르기 전에 가열해서 향기 성분이나 최루성 성분을 지나치게 억제하면 몸에 좋은 작용을 하는 성분도 생성이 억제되므로 주의할 필요가 있다.

단단한 죽순을 부드럽게 만드는 기술

식품 성분으로 들어있는 효소는 조리 과정에서 때때로 활용된다. 예컨대 파인애플이나 키위를 갈아서 육류에 넣고 재워두면 고기가 연해진다. 이것은 파인애플에 들어 있는 브로멜라인과 키위에 들어 있는 악티니딘이라는 단백질분해효소가 고기의 단백질에 작용해서 연하게 해주기 때문이다. 그 밖에도 파파야에 들어 있는 파파인과 같이 열대과일에는 단백질 분해 능력이 뛰어난 효소가 들어 있다.

효소를 이용해서 고기를 연하게 하는 것은 단순히 맛을 내기 위한 것뿐만 아니라 앞으로 일본의 고령화 사회를 대비한 식생활, 특히 요양식 분야에서는 갈수록 더욱 중요한 과제가 되고 있다. 노인이 되어서 여태껏 먹었던 음식을 갑자기 유동식 같은 요양식으로 금방 바꿀 수 있는 사람은 분명 별로 많지 않을 것이다. 사람은 나이를 먹을수록 섭식과 삼키는 능력이 떨어져도 먹고 싶은 것은 쉽게 변하지 않는 법이다.

따라서 겉모양은 이제까지 먹었던 것과 다름없지만 부드러워서 먹기 좋은 음식이 매력적인 요양식이라고 할 수 있다.

히로시마 현 식품공업기술센터에서 그러한 식품을 만드는 기술을 개발하고 있다. 그것은 동결함침법(凍結含浸法)이라고 부르는 방법이다. 간단히 말해서 압력을 이용해서 식품 속으로 그 식품을 부드럽게 하는 효소를 집어넣는 기술로, 예컨대 조려도 여전히 무르지 않은 죽순을 바바루아처럼 숟가락으로 떠서 먹을 수 있게 되는 경이로운 기술이다. 주로 지금까지 믹서로 갈아서 만드는 요양식이 단번에 새로운 요양식으로 바뀔 가능성이 있다.

이 기술은 육류나 어패류에도 응용이 가능하다. 겉보기에는 보통 스테이크고기이지만 숟가락으로 살짝만 눌러도 고기가 푹 들어가고 입에 넣으면 혀에서 푸아그라처럼 사르르 녹아내리는 고기 같은 것도 만들고 있다. 더욱이 반응 시간에 따라서 굳기를 자유자재로 조절할 수 있는 듯하다.

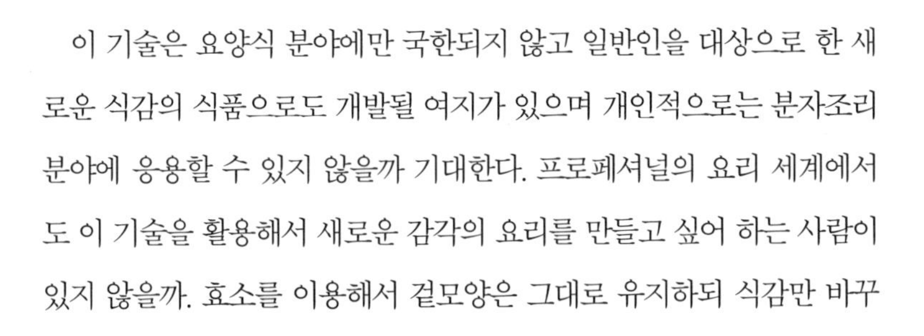

이 기술은 요양식 분야에만 국한되지 않고 일반인을 대상으로 한 새로운 식감의 식품으로도 개발될 여지가 있으며 개인적으로는 분자조리 분야에 응용할 수 있지 않을까 기대한다. 프로페셔널의 요리 세계에서도 이 기술을 활용해서 새로운 감각의 요리를 만들고 싶어 하는 사람이 있지 않을까. 효소를 이용해서 겉모양은 그대로 유지하되 식감만 바꾸어주는 기술이 앞으로도 계속 주목받을 것이다.

◐물질의 세 가지 형태—상 전이에 의한 '흡입하는 커피' 등장

감자칩이나 사탕이 눅눅해지는 이유

물질은 고체, 액체, 기체라는 세 가지 상태로 존재하는데 이들을 상(相)이라고 한다. 고체는 저온에서 회전이나 진동 같은 원자 운동이 매우 제한적이며 원자나 분자가 움직일 수 없는 상태로 촘촘하게 배열된 명료한 구조를 띤다. 온도가 올라가면 원자나 분자는 한자리에 묶여 있던 전기적 인력에서 풀려나 움직이기 시작한다. 그러나 분자 운동이 질서정연한 구조를 무너뜨릴 만큼 아직 활발하지는 않으며 분자들이 서로 느슨하게 연결된 상태가 지속되는데, 이 상태가 액체이다. 온도가 더욱 상승해서 분자들이 서로의 영향으로부터 완전히 벗어나는 운동에너지로 바뀌면 공기 중을 자유롭게 떠다닌다. 액체와 유동성은 같아도 다른 상태로 존재하는 것이 기체이다.

식품은 세 가지 상 가운데서도 요리의 형태를 이루는 고체가 중요한데, 소금이나 설탕, 템퍼링이라는 적온처리법으로 입안에서 잘 녹게 만든 초콜릿 같은 고체는 원자나 분자가 규칙적으로 반복 배열된 결정구조를 띠고 있다. 한편, 사탕의 경우에는 분자가 뿔뿔이 흩어져 임의로 배열된 비결정구조인 유리 상태를 띠고 있다.

분자가 유리 상태로 되어 있는 유리전이 식품에는 사탕 이외에도 쿠키, 비스킷, 일본 전병, 시리얼, 가다랑어포 등이 있다. 이들 특유의 바삭바삭한 식감은 고체인데도 부서지기 쉽다고 하는, 식품의 유리전이된 성질에서 비롯된 것이다. 녹말이나 단백질처럼 크고 불규칙한 모양의 분자는 규칙적인 결정 영역과 불규칙한 비결정 영역을 동시에 지닌 덩어리로 되는 경우가 많다.

유리전이 식품은 식품의 수분 함량이 늘어나거나 온도가 올라가면 유리 상태에서 운동이 제한적이던 분자가 서서히 움직이기 시작한다. 그 결과 단단한 고체였던 것이 축 늘어지거나 부드러운 유동체로 변하여 고무 상태가 된다. 이것이 감자칩이나 사탕이 눅눅해지는 메커니즘이다.

콜로이드로 음식의 변형이 더욱 다양해진다

요리는 한 개의 상으로만 이루어지는 경우가 거의 없고 일반적으로 고체와 액체, 액체와 기체 혹은 고체와 액체와 기체와 같이 서로 다른 상이 혼재한다. 고체, 액체, 기체 중 한 개의 상에 다른 상의 입자가 분산되어 있으나 용해되어 있지는 않은 상태를 콜로이드라고 한다. 예를 들면 현탁액, 겔, 거품 등이다.

우유는 고체인 우유 단백질의 집합체인 미셀이 액체인 물에 분산되어 있는 현탁액이다. 반대로 물이 고체 속에 분산되어 고체인 스펀지 모양의 구조로 되어 있는 것을 겔이라고 한다. 겔에는 동물의 콜라겐을 열분해하여 걸러낸 젤라틴에 물을 더하여 굳힌 젤리와, 해조류인 우뭇가사리에 물을 더하여 만든 우무 등이 있다.

액체나 고체에 거품이 많이 분산되면 거품 모양의 구조가 된다. 액체 속에 기체가 들어가면 휩크림 같은 액상 거품이 되고, 고체 속에 기체가 들어가면 수플레, 마카롱 같은 고형 거품이 된다. 공기가 많이 함유된 초콜릿과자 등은 거품에 의해서 입안에서 살살 녹는 맛을 연출할 수 있다. 또한 액체인 화이트와인에 이산화탄소를 과포화 상태로 만든 것이 샴페인 같은 스파클링와인으로 이것은 액체 속에 기체를 분산시킨 것이다.

요리의 상을 바꾼다는 발상

물을 제외한 식재료 분자는 대부분 가열해도 원래의 상에서 다른 상으로 변화되는 상전이는 좀처럼 일어나지 않는다. 상전이가 일어나기 전 화학반응에 의해서 다른 분자가 되는 경우가 많기 때문이다. 그러나 최근에 와서 식품과 요리 개발에 있어서 그것들이 원래 지닌 상을 변화시키고자 하는 움직임이 활발하게 일어나기 시작했다.

예를 들어 어느 레스토랑에서는 스파클링와인을 겔화(化)해서 줄레(gelée, 젤리)로 선보이기도 하고, 다른 여러 회사에서는 역시 액체 조미료인 폰즈(감귤류의 과즙을 주재료로 만든 일식 소스)를 줄레로 만들어 상품화했다. 또한 마시는 카레나 마시는 슈크림 등을 내놓는 가게도 등장하고 있다. 튜브로 된 영양제 젤리처럼 음식을 젤리 형태로 만드는 것은 식사의 편의성 향상이라는 점에서 주목 받으며 여러 분야에 활용되는 한편 사회에 폭넓게 퍼지고 있다.

또 아주 흥미로운 시도로서 커피나 초콜릿 성분을 담배처럼 '흡입하여' 즐기는 '르 위프(Le whif)'라는 상품이 등장했다. 하버드대학에서 의료공학이 전공인 데이비드 에드워즈 교수 연구진은 흡입기로 의약품이나 백신을 흡수하는 방법에서 힌트를 얻어 플레이버 가루를 입안으로 흡입하는 아이디어를 착안했다. 고체 입자를 기체 속에 분산시킨 에어로졸로 음식을 제공하는 것으로, 입자가 기침을 유발하지 않을 만한 크기와 양, 용기 등을 궁리하여 개발한 것이다. 커피는 마시는 것, 초콜릿은 먹는 것이라는 개념을 바꾼, 어떤 의미에서 무척이나 충격적인 제품이다.

앞으로 선보일 식사는, 음식(飮食)이라고 하는 '마시고 먹는 것' 이외에도 '흡입하기'라는 또 하나의 개념을 더한 '흡음식(吸飮食)'이 표준이 될지도 모르겠다. 미래의 요리는 기체, 액체, 고체라는 상, 여기서 더 나아가 서로 다른 상의 조합을 의식함으로써 더욱더 새로운 단계로 확산될 것이다.

칼럼 ❾ 다채로운 식감을 만들어내는 트랜스글루타미나아제를 분자 조리에 응용하다

숙성반응은 기본적으로 열역학 제2법칙에 의한 엔트로피 증대, 즉 고분자가 분해되고 그것에 의해서 저분자가 생성되는 쪽으로 진행한다. 예를 들면 녹말이 분해되면 단맛 성분이 증가되고 단백질이 분해되어 감칠맛 아미노산이 많아지고 또 지질이 분해되어 독특한 냄새가 나는 반응 등이 숙성반응에 속한다.

이 숙성과 관련한 반응에는 수많은 효소가 관여하고 있다. 발효 중 식품 성분을 '분해하는' 효소는 많이 알려져 있지만 반대로 식품 성분을 '결합시키는' 효소는 몇몇 가지만 알려져 있다. 이처럼 결합시키는 효소 중 하나로 잘 알려진 것이 트랜스글루타미나아제이다.

트랜스글루타미나아제는 주로 단백질(글루타민측쇄)과 단백질(라이신측쇄)을 공유결합으로 맺어주는(가교하는) 기능을 한다. 미생물이나 동식물 등 자연계에 널리 존재하는 효소로, 그중에서도 특히 동물의 피부 등에 많이 퍼져 있고 가교반응에 의해서 피부 표면의 물리적 강도를 높이기도 하고 보습 기능을 높이기도 한다.

식품업계에서는 아지노모토 주식회사에서 방선균이 생산하는 트랜스글루타미나아제를 '악티바(해외에서는 Meat Glue)'라는 상품명으로 출시해서 식품의 물성 개량제로 널리 이용되고 있다.

현재 가장 활발하게 이용되고 있는 곳은 어묵 같은 수산물 반죽 제품의 가공 분야이다. 트랜스글루타미나아제를 사용해서 적당한 탄력성과 부드러운 식감을 쉽게 실현시키고 있다. 그동안에는 나트륨이나 칼슘 같은 미네랄염이 식감 개선에 이용되었는데 트랜스글루타미나아제는 미각이나 풍미에는 영향을 주지 않는다는 이점이 있다. 제면 분야에서도 이 트랜스글루타미나아제를 이용해서 밀가루 단백질을 결합시키기 때문에 탄력성이 높아져 쫄깃쫄깃한 면발을 만들 수 있다. 라면 면발은 삶고 나서 시간이 지나도 면발이 잘 불지 않고 쫄깃한 상태가 유지된다.

그리고 이 트랜스글루타미나아제가 가장 크게 주목 받은 곳은 식육 가공 분야이다. 소시지의 와작거리는 식감 혹은 햄의 즙이 많이 우러나는 식감을 향상시킬 뿐 아니라 푸슬푸슬 흩어지는 고기 조각에 트랜스글루타미나아제 분말을 뿌려서 랩으로 싸두면 이튿날에 훌륭한 스테이크고기가 된다. 고기와 고기의 접촉면이 원래 고기 속에도 들어 있는 효소반응으로 합쳐지기 때문에 트랜스글루타미나아제로 결합시킨 고기는 겉모양만 보면 다른 일반 고깃덩어리와 거의 구별되지 않는다. 우유에서 뽑은 카제인나트륨이나 카라기난 같은 결착제로 만든 성형 고기와는 분명하게 구별된다. 그 때문에 트랜스글루타미나아제를 고기 접착제라고도 부르며 일

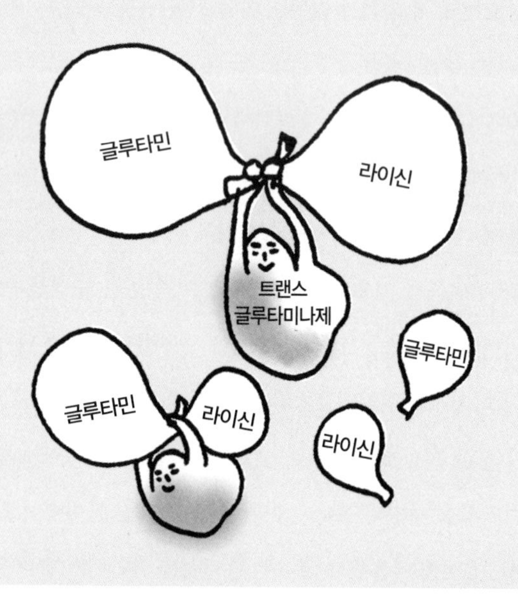

부 레스토랑에서도 쓰고 있다.

더욱 색다른 사용법에는 뉴욕 레스토랑 'wd-50'의 셰프인 와일리 뒤프렌이 젤라틴에 둥글게 저민 래디시를 틈새가 생기지 않게 겹치듯이 배열하고 트랜스글루타미나아제 분말을 뿌려서 '래디시시트'를 만든 예가 있다. 부드러운 래디시시트를 적당한 크기로 자르면 래디시 껍질의 붉은 동그라미가 겹쳐진, 색깔이 선명하고 입체적인 조형미를 지닌 참신한 식재료가 된다. 그 밖에도 뒤프렌은 트랜스글루타미나아제를 이용해서 새우가 95% 이상 들어간 파스타를 만들어 '면의 재발명'이란 이름을 붙였다.

트랜스글루타미나아제는 단백질을 결합시켜 다채로운 식감이 나는 요리를 탄생시키는 효소제이다. 원래 그 식재료 자체의 성분이 작용하여 결합하기 때문에 연결 부분이 아주 자연스러우면서도 풍미에는 큰 영향을 주지 않는다. 기존 재료의 풍미와 참신한 질감을 융합시키는 트랜스글루타미나아제는 현재 분자조리 분야의 중요한 도구가 되고 있다.

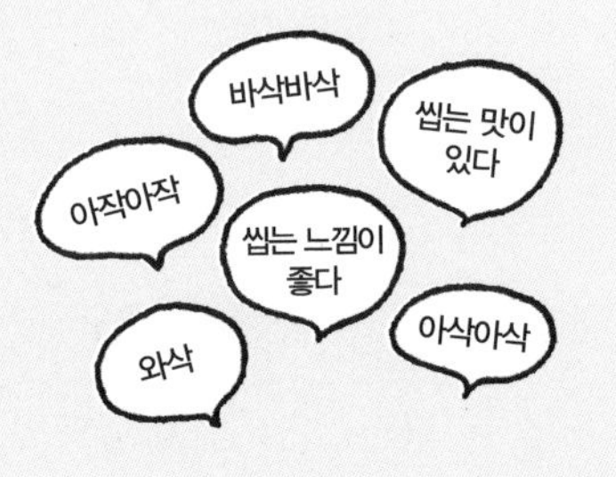

제4장

요리 과정에 숨어 있는 과학원리

맛있는 요리를 만들기 전에

미래의 요리는 음식의 전체 흐름을 내다보는 것에서부터

조리에 있어서 벌레의 눈 · 새의 눈

학문을 연구하는 사람에게는 두 가지 중요한 눈, '벌레의 눈'과 '새의 눈'을 가져야 한다고 한다. 벌레의 눈을 가지고 문제를 클로즈업해서 더욱 깊이 고찰해야 하는 한편, 새의 눈을 가지고 높은 곳에서 넓게 전체 모습을 파악해야 한다는 것이다. 일본인은 벌레의 눈을 길러 한길만 파고드는 장인정신을 존중한다. 한편 자신의 업계를 넓게 내다보며 외부 세계의 동향까지 파악해야 하는 이른바 새의 눈은 의식적으로 갈고닦지 않으면 좀처럼 기르기 어려운 관점이다. 특히 연구원은 자신의 전문 분야에만 파묻혀서 외골수가 되기 쉬운 사람이다.

맛있는 요리를 만드는 데에도 이 벌레의 눈 · 새의 눈은 중요하다. 분자조리학적으로 요리 전반을 미시적으로 고찰하고 한발 더 나아가 거시적으로 요리의 주변을 파악한다면 요리에 있어서 맛의 수준은 한층 더 높이는 쪽으로 나아갈 것이다. 물론 그런 눈을 갖지 않아도 얼마든지 요리를 할 수 있다. 그러나 온 국민이 미식가가 되다시피 한 일본에서 식탁에 놓인 요리만을 고찰한다면 다른 것과 차별화를 꾀할 수 없으므로 새로운 요리를 개발하기 위해서라도 시야가 넓은 사람이 되는 것은 중요한 일이라고 하겠다.

음식의 타임라인

일반적으로 식재료를 구해다 조리해서 먹고 몸속에서 영양이 되기까지 음식의 흐름을 살펴보면 대략 이렇다.

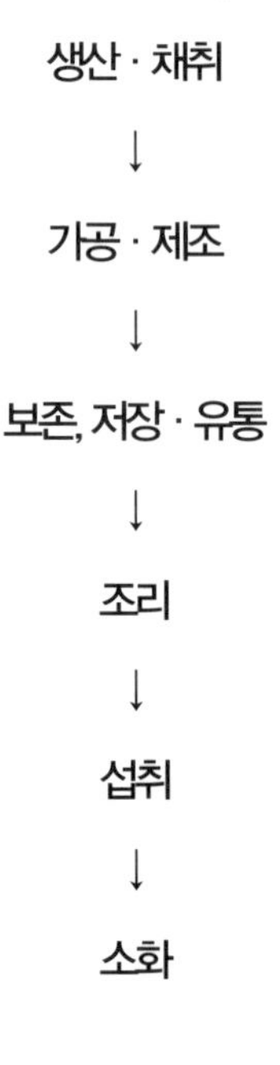

↓

흡수

↓

대사

채소나 과일 같은 농산물, 육류나 우유 같은 축산물, 양식 어류 등은 사람에 의해서 길러지고 생산된다. 한편 야생초, 사냥감, 자연 어류 등은 채취된다.

맛있는 요리를 하기에 앞서 식재료가 어떠한 환경에서 만들어진 것인지를 아는 것은 매우 중요한 일이다. 수확 후 식재료가 그대로 우리 손에 들어오는 경우도 있지만, 대부분은 식품회사에 의한 가공 · 제조 등 공정을 거쳐서 적당한 온도로 관리 · 보존 · 저장되고 일정한 경로로 유통되어 시장이나 슈퍼마켓에 진열되는 것이다.

우리는 그 식재료들을 구입해서 조리하고, 음식물을 섭취한다. 음식물은 소화기관에서 소화 · 흡수되어 우리 몸에 공급된다. 식품 분자는 온몸 구석구석에 이르고 대사를 거쳐서 몸을 움직이는 에너지나 몸의 일부가 된다.

앞으로 조리 분야에서는 음식 흐름의 시작부터 끝까지 단계별로 파악하는 일이 반드시 필요하지 않을까. 예를 들자면 이 시금치는 어떤 토양에서 재배했는지, 이 간장은 어떤 제조법으로 만들고 어떻게 유통되었는지, 올리브유가 많이 들어간 요리는 소화에 어떤 영향을 미치는지 파악하는 것 등이다.

음식 흐름의 전 과정을 세세히 파악한다는 것은 그 분야의 전문가에게도 어려운 일이지만 장기나 바둑의 세계처럼 국면 전체를 바라보는 '대국관' 차원에서 음식 전체를 고찰하는 습관이 차세대 요리를 이끌어 가는 데 매우 중요한 개념이 될 것이다.

음식의 감성을 갈고닦다

음식의 흐름에서 가장 크게 눈에 띄는 것은 아무래도 조리된 다음의 음식일 것이다. 보통 요리를 하지 않아서 식재료에 별 관심이 없는 사람도 조리조작이 끝난 다음의 음식을 반드시 먹을 테니 말이다.

텔레비전 프로그램 등에서 음식에 관한 정보가 넘쳐나는 데서 짐작되듯이 남녀노소 누구랄 것 없이 요리에 대한 관심이 대단하다. 음식의 흐름 가운데 많은 사람들에게 흥미로운 대상은 처음인 생산도 마지막인 대사도 아닌, 더 친숙한 요리임에 틀림없다. 요리에 대한 사회적인 관심이나 집착이 지나쳐서 균형이 맞지 않는 느낌이다.

그러나 최근에 들어와서 집 텃밭이나 식품공장 견학, 음식과 건강에 대한 관심이 높아지면서 요리의 전후 단계에 대한 관심도 점차 커지기 시작했다. 주방에만 머물지 않고 밭이나 목장, 바다 같은 자연으로 시선을 돌려 호기심을 밖으로 더욱 뻗쳐나갔으면 하는 바람이다.

조리와 가공의 차이

요리를 만들 때 사람이 하는 두 가지 단계

식재료를 조리하는 것과 가공하는 것의 차이는 무엇일까. 일반적으로 조리는 주방에서 식재료의 날것 그대로인 상태에서 식탁에 내놓는 상태로 조작하는 것을 말하고 대개 시간적으로 지속성을 띠며 진행된다. 그러나 조리조작은 필요에 따라서 도중에 멈추거나 다시 재개, 계속하는 것도 가능하다. 조리조작을 멈추었을 경우에는 그때까지 이루어진 조리조작을 가공이라고 하며 조리와 구별한다.

과학 · 기술의 발전에 의해서 가공은 주로 식재료를 1차 가공식품이나 2차 가공식품처럼 조리하기 쉬운 식품으로 바꾸어 만드는 저차원 공정이라고 할 수도 있다. 한편 조리는 똑같은 식재료를 다룰 때도 있지만 주로 가공에 의해서 만들어진 식품을 재료로 해서 직접 먹을 음식을 만드는 고차원 공정이라고 정의할 수 있다.

규모 측면에서 보자면 가공은 불특정 다수나 비교적 큰 집단을 대상으로 하는데 반해서 조리는 가정이나 음식점에서 특정 소수 집단을 대상으로 한다. 가공은 생산과 가까워서 기본적으로 소품종 대량 생산, 품질의 안정화, 장기 보존, 포장 등이 요구되지만 조리는 소비와 가깝고 다품종 소량 생산으로 개인의 기호를 우선에 두며 보존료나 포장이 불필요하다.

그러나 최근에는 반조리식품이나 편의점 등에서 파는 포장된 반찬처럼 테이크아웃용 음식이 많아져서 조리와 가공의 경계선이 차츰 모호해지고 있다. 또한 값싼 냉동식품, 레토르트식품의 등장으로 가정에서 조리를 그다지 요하지 않는 식품을 많이 이용하는 한편 채소나 어패류 같은 신선식품의 사용이 줄어드는 이른바 조리의 아웃소싱이 진행되고 있다. 이제는 다시마와 가다랑어포로 맛국물을 우리는 일본 음식의 기본 조리조작이 비일상화되고 있는 실정이다. 직접 재봉해서 옷을 지어 입는 사람이 예전에 비해서 압도적으로 적어지고 있는 것처럼, 앞으로

는 더욱더 요리를 취미나 오락으로 여기는 경향이 가속화될 듯하다. 반대로 이제는 재료를 살려서 정성껏 조리하는 것이 희소성의 가치를 지닌다고 하겠다.

자연의 풍미를 살려서 새로운 식감을 창조하는 압력가공기술

새로운 식품가공기술은 식품회사의 제조 수준에서 발전하기 시작해서 레스토랑과 가정의 조리 수준으로 서서히 이행되는 경우가 있다. 최신 식품가공기술에는 혁신적인 조리기술이 담겨 있을 가능성이 있다. 앞으로, 조리기술에 응용될 가능성이 있는 한 예로서 고압 가공기술을 소개한다.

조리에 있어서 불의 힘은 절대적이다. 불을 쓰지 않고 요리를 하려면 할 수 있는 요리가 매우 한정적이다. 그러나 열을 쓰지 않고 식품을 4000~7000기압의 압력을 가하는 가공처리법이 관심을 모으고 있다. 세계에서 가장 깊다는 마리아나 해구가 해저 약 1만 미터에서 1000기압 정도이니 우리 생활 주변에는 없는 초고압의 세계임을 알 수 있다.

이렇게 높은 압력을 식재료에 가하면 식품을 구성하는 분자는 한쪽으로 몰려 촘촘한 상태로 결합한다. 그 결과 분자는 물리적인 변화를 일으켜서 고분자인 단백질이나 녹말은 가열한 상태와 매우 유사한 현상을 보인다.

그러나 압력처리는 열처리에 비해 식품 재료에 주어지는 에너지가 현격히 낮기 때문에 화학적 변화는 잘 일어나지 않는다. 따라서 식재료의 색과 향기는 거의 변하지 않고 자연 상태로 유지되며 비타민C와 같이 보통 가열하면 파괴되는 영양소의 손실이 적다. 게다가 고압 가공기술에는 이물질이나 이상한 냄새가 발생하지 않고 가열할 때와는 다른 독자적인 물질이 생성되며 열처리에 비해 에너지 절감이 되는 등 뛰어난 이점이 있다.

주식회사 고베 제강소에서 만든 'Dr.Cheff'라는 고압 처리장치를 이용해서 학생들과 함께 달걀을 고압 처리한 적이 있다. 껍질을 깨지 않은 날달걀에 6500기압의 정수압을 가하면 겉껍질은 그대로인 채 속에 있는 흰자와 노른자가 삶은 달걀처럼 익는다.

'보기에는 삶은 달걀 같지만 날달걀의 풍미가 살아 있다.'

'노른자는 쫄깃쫄깃하고 흰자는 올강올강 씹히는 느낌이 흥미롭다.'

이제껏 경험한 적이 없는 새로운 달걀요리가 완성된 것이다.

고압 가공장치에서 고압 조리가전으로

식품 고압 가공의 역사를 살펴보면 1987년 교토대학 명예교수인 하야시 리키마루가 "식품의 풍미와 영양을 훼손하지 않고 살균 가능한 식품가공을 위해서 기존의 가열가공 대신 압력을 이용하자"고 제안한 것이 큰 전환점이 되었다. 그 뒤 일본에서 식품에 대한 고압 이용이 주목을 받게 되었다. 그리고 1990년에는 주식회사 메이지야가 세계 최초의 초고압 가공식품인 '하이프레셔 잼'을 시장에 내놓았다. 가열처리가 되지 않았기에 향이 아주 상쾌하고 색상도 선명하다.

이처럼 일본은 식품 고압 처리의 발상지로서 한발 앞서 실용화가 이루어졌다. 최근에는 해외에서도 식품의 가압처리에 대한 관심이 높아지고 있는데, 스페인과 미국 등지에서는 소시지, 햄 같은 육류제품에 고압 가공이 도입되고 있다.

전 세계 식품산업에서 제조에 사용되는 고압 처리장치는 2000년에서 2008년까지 8년간 거의 10배, 그 뒤 4년간 그 두 배로 늘어났다. 장치 자체가 매우 고가여서 음식점이나 개인이 쉽게 구입할 수 있는 것은 아니지만, 더 많이 보급될수록 가격이 낮아질 수도 있을 것이다. 요즈음 거의 모든 가정에서 쓰고 있는 전자레인지는 1961년 시판할 당시 가격이 125만 엔이었다. 대졸 초임이 1만 3600엔이던 시절이었다. 고가의 전자레인지가 그 뒤 얼마나 가격이 내려갔는지를 감안하면 기술 혁신에 의해 집집마다 고압 조리가전의 시대가 찾아올 가능성이 아주 없지 않을 것이다.

가열조리에서는 만들어 낼 수 없는, 향이 풍부한 채소나 과일페이스

트를 이용한 요리 혹은 여태껏 없었던 풍미와 식감을 지닌 육류요리나 생선요리를 압력장치를 통해서 맛볼 수 있게 될지도 모른다.

요리의 3요소는 식재료, 도구, 사람

요리의 3요소

요리는 쌀, 밀가루, 감자, 콩, 채소 등 식물성 식품과 우유, 육류, 달걀, 어류 등 동물성 식품, 그리고 조미료, 향신료 같은 다양한 식재료를 칼, 냄비, 화로 같은 조리도구를 사용해서 자르고, 굽고, 조리고, 볶고, 찌는 조리조작을 가해서 완성된다. 즉 요리를 분해하면 식재료, 도구, 조작이라고 하는 3요소로 이루어진다고 볼 수 있다. 이들은 제각기 시대에 따라 크게 발전해왔다.

식재료를 보자면, 옛날 채소는 맛이 훨씬 거칠었고 과일도 요즘 파는 것보다 단맛이 덜하고 신맛이 더 강했다. 인간은 시행착오를 거듭하면서 품종 개량과 선발육종법을 통해서 더 안전하고 더 맛있고 더 영양가가 높은 식재료를 대량으로 수확 · 생산할 수 있게 되었다.

조리도구와 설비도 크게 진화했다. 특히 조리의 기본인 불을 사용하는 가열조리는 인류의 역사와 함께 개량에 개량을 거듭해왔다. 예컨대 방 바닥에 우묵한 곳을 만들어 불을 피우는 이로리, 그리고 내열성 재료로 에워싼 화덕이 에도시대에는 작고 간편한 흙풍로로 발전했다. 그리고 현대에 와서는 화로, 전자레인지, 전기밥솥, 전기포트, 오븐, 핫플

레이트 등으로 조리기구의 고기능화와 전문화가 진행되고 있다.

또한 똑같은 식재료와 조리도구를 쓰더라도 요리 초보자와 프로페셔널 요리사가 만드는 요리에는 엄청난 차이가 있듯이, 사람이 행하는 조리조작이 요리의 맛에 막대한 영향을 미친다. 특히 소금, 후추 같은 조미료를 더해서 맛을 정하는 조미조작에서는 말 그대로 요리하는 사람의 손어림에 따라 맛이 크게 좌우된다. 요리에서 흔히 저지르기 쉬운 실수가 맛이 너무 진하다든지 너무 심심하다고 하는 식의 조미료 조절을 그르치는 일이다.

요리의 'F1화'

사람이 하는 모든 조리 · 조미 과정은 완성품인 요리의 풍미와 질감에 영향을 미친다. 예컨대 가정에서 재료를 계량컵이나 경량스푼으로 측정하는 초보적인 것에서부터 고급 요리점에서 다시마와 가다랑어포로 맛국물을 우리고 석장 뜨기(생선을 양쪽 살과 뼈 부분의 셋으로 발라내는 것)한 생선을 솜씨 있게 모듬회로 담아내며 또 식재료마다 온도와 시간을 구분하여 튀겨내는 작업에 이르기까지, 하나하나의 공정이 모두 이 과정에 해당된다.

그러나 패밀리레스토랑 같은 외식산업에서는 사람에 의한 조리조작의 오차가 가급적 발생하지 않도록 표준화함으로써 맛있는 요리의 재현성을 점차 높이고 있다. 그것은 조리 전의 가공 프로세스가 공장 규모의 중앙 주방에서 이루어지며 조리기구의 성능이 현저히 향상되어 온도와 습도를 확실하게 조절할 수 있게 되었기 때문인데, 상대적으로 사람이 하는 조작의 중요성은 낮아지고 있다.

세계 최고의 자동차 경주인 포뮬러1(F1)에서는 예전과 달리 사람에 의한 자동차 운전기술보다 기계의 성능이 훨씬 더 크게 좌우하게 되었듯이, 요리에 있어서도 조리도구의 역할이 사람의 조리기술보다 적잖이 확대되고 있는 듯하다.

칼럼 ⑩ 가열조리가 사람의 뇌를 진화시키고 몸을 퇴화시켰다?

1990년 무렵부터 과학 분야에서는 '21세기는 뇌의 시대'라는 말이 자주 쏟아져 나왔지만, 뇌과학의 유행은 꽤 오래전부터 일어나고 있었다. 사람과 원숭이를 가르는 차이는 언어의 유무, 손 조작 같은 솜씨 등이지만 무엇보다 뇌의 차이가 가장 크다고 하겠다.

사람의 진화에 관한 최근 연구에서는 우리의 선조들이 불을 사용하여 조리한 기억이 뇌를 키우게 된 전환점이었다는 보고가 있다. 예컨대 브라질의 리우데자네이루 연방대학 연구진이 다양한 영장류의 몸과 뇌 무게를 칼로리 섭취량과 비교한 결과, 몸과 뇌를 키우기 위해서는 역시 많이 먹어야 한다는 것을 과학적으로 증명했다.

뇌는 사람의 장기 중에서 무게가 체중의 2% 정도밖에 안 되지만 에너지 소비량은 몸 전체의 약 20%에 이르는, 에너지를 먹는 장기이다. 따라서 충분한 영양을 섭취할 수 없었다면 뇌는 커지지 않았을 것이다. 고릴라 같은 대형 유인원은 사람보다 크지만 식물을 날것 그대로 먹거나 열매만 먹기 때문에 지금과 같은 식생활로 보았을 때에는 킹콩처럼 거대해진다는 것은 도저히 불가능한 일이며 최대한 몸집이 불어난다고 해도 그 무게는 200kg 정도일 것이다. 더구나 섭취한 에너지 중에서 몸을 키우고 유지하는 데 더 많이 소비하면 뇌를 키우기 위해 써야 할 에너지양은 자연히 적어진다. 그렇기 때문인지 고릴라의 뇌 무게는 450g 정도로, 1200~1400g인 사람 뇌의 3분의 1에 지나지 않는다. 또 자연계에서 확보할 수 있는 먹이의 양과 먹을 것을 찾아 헤매는 시간, 그리고 하루 중 먹는 시간은 정해져 있기에 몸과 뇌의 크기에는 자연히 한계가 따를 수밖에 없다.

이처럼 식량과 시간 등이 한정된 세계에서 인류의 조상은 섭취한 에너지를 몸에 쓰느냐 뇌에 쓰느냐 하는 갈림길에 서야 했다. 그때 우리 조상은 몸피보다 뇌의 신경세포 수를 늘림으로써 뇌를 중시하는 길을 선택했다. 거기다가 원인(原人)인 호모에렉투스가 불을 사용하여 조리를 한 것이 새 시대의 서막을 알렸고 인류의 조상은 뇌 크기가 250만 년 전부터 150만

년 전 사이에 400g에서 900g으로 2배 남짓 급성장했다. 가열조리가 뇌 성장의 한계를 무너뜨리는 원동력이 되었다고 볼 수 있다.

그러면 가열하지 않은 식재료와 가열한 식재료 사이의 에너지효율은 정말 다를까. 하버드대학 연구원들이 가열조리를 하면 식료품 내 영양분의 소화와 흡수율이 향상된다는 것을 과학적으로 증명했다. 실험동물인 쥐를 대상으로 한쪽에는 생고구마 · 소고기를 주고, 다른 한쪽에는 조리한 고구마 · 소고기를 주었는데 똑같은 칼로리라고 하더라도 조리한 음식을 먹은 쪽이 날것을 먹은 쪽보다 체중이 더 증가한 것이다. 이것은 식재료가 조리된 상태이기에 소화에 필요한 에너지를 아낄 수 있었고 그 때문에 사람이 더 많은 에너지를 얻게 되었음을 의미한다. 조리에 의한 에너지의 효율적인 섭취 때문에 몸이 더 크고 더 복잡한 두뇌를 지닌 인간이 탄생할 수 있었음을 과학적으로 뒷받침한 결과이다.

현대 일본이나 다른 선진국들을 보면 사람들은 식량을 찾느라 숲 속을 헤매고 다닐 필요가 없이 주위에 먹을 것이 넘쳐나는 풍요로운 세상에 살고 있다. 설탕이나 유지를 엄청나게 소비하고 부드럽고 먹기 쉬운 식사, 정제도가 높은 가공식품을 과잉 섭취함으로써 체중이 증가하고 비만이나 고혈압, 당뇨병, 심장병 같은 생활습관병에 걸릴 위험성도 그만큼 높아지고 말았다. 그 때문에 일반 흰쌀에 잡곡을 섞은 잡곡밥과 보통의 흰 밀가루가 아닌 전립분을 재료로 만든 빵 등이 등장하기 시작했다. 정제도를 올려서 맛을 추구하던 이제까지의 흐름과는 완전히 정반대가 되는 신기한 상황이 벌어지고 있다. 현대 식생활에서 조리 · 가공이 어떤 의미에서는 몸의 퇴화를 초래한 측면이 있다.

오늘날에는 아마도 단순하게 식재료를 굽고 조리는 정도의 기본적인 조리만 거친 식사가 우리의 건강에 도움이 될지도 모른다. 그렇기 때문에 우리의 몸은 에너지효율이 지나치게 높은 가공식품을 과잉 섭취하는 데에는 적응이 되어 있지 않다. 생활습관병의 발병률 상승으로 미루어보건대 선진국에서는 몸의 비대화, 즉 비만이라고 하는 지나치게 진화해서 퇴화해버리는 현상이 거의 임계점에 이르고 있는 듯하다.

그러나 한편에서는 인간의 뇌 크기가 아직 한계점에 이르지 않았다고 주장하는 연구원도 있다. 수십만 년 후에는 가공식품을 통해 과잉 섭취되는 에너지를, 비만과 같이 몸을 키우는 것이 아니라 오직 뇌를 키우는 데에만 쏟으며 현재의 인간보다 몇 배나 더 활성화된 신경대사계를 지닌 새로운 종의 인류가 출현할지도 모르겠다.

2 조리도구

무인도에 가져가고 싶은 최강의 조리도구, 칼

최소한의 주방도구는?

조리도구가 나날이 새롭게 등장한다. 나도 핫플레이트, 와플메이커, 더치오븐, 실리콘찜기, 제빵기, 슬라이서 같은 새로운 '키친 가제트'를 마련해놓았다가 차츰 사용하지 않게 되더니 지금은 싱크대 아래 칸에서 썩히고 있다. 요리를 하는 데 최소한 갖추었으면 하는 주방도구에는 무엇이 있을까.

예컨대 고등학교를 졸업하고 부모 곁을 떠나 자취생활을 시작해야 하는 요리 초보자가 반드시 구입하는 조리도구라고 하면 칼과 도마, 냄비와 국자, 프라이팬과 뒤집개, 그리고 조리 가전제품은 전기밥솥과 전자레인지, 냉장고 정도가 될 것이다. 이 정도만 있으면 집에서 요리할 수 있다.

일본 전통 요리를 가리키는 '갓포우(割烹)'란 말은 '자르다'를 의미하는 '할(割)'과 '익히다'를 의미하는 '팽(烹)'이 합쳐진 말이다. 이 두 가지가 요리의 기본 동작임을 고려하면 자르는 도구와 가열하는 도구만큼은 꼭 갖추어야 할 조리의 무기이다. 따라서 조리는 크게 비가열용 기구와 가열용 기구 두 종류로 나눌 수 있는데, 각각의 특징을 살펴보기로 하자.

비가열용 기구에는 계량스푼, 계량컵, 저울 등 계량용 기구와 식칼, 도마, 필러, 푸드프로세서 등 절삭용 기구와 거품기, 국자, 주걱 등 혼합 · 교반용 기구와 믹서, 강판, 절구 등 마쇄용 기구 등이 있다.

이들 가운데에서 무인도에 딱 하나만 가져갈 수 있다면 무엇을 선택해야 할까. 나는 아마도 식칼을 고를 것이다. 식칼이 없다면 물고기를 잡아다 손질하는 일과 채소를 뽑아다 잘게 써는 일에 꽤 스트레스를 느낄 것 같다. 조리에서 식칼만큼 존재감이 큰 도구는 없다.

식칼도 재질이나 칼날 가는 법, 칼날의 폭 등에 따라서 그 종류가 다양하다. 이른바 나라별 일식 칼, 양식 칼, 중식 칼이 있고 칼날의 형태에 따라 양날과 한쪽 날, 재질에 따라 강철과 스테인리스, 세라믹 등으로 된 칼이 있다. 강철은 철과 탄소의 합금이고, 여기에 크롬과 니켈을 첨가한 것이 스테인리스강이다. 스테인리스칼은 칼 표면에 산화크롬막을 형성하고 있어서 강철칼처럼 쉽게 녹이 슬지는 않지만 칼 갈기가 어렵다는 단점이 있다. 제대로 유지 보수한다면 강철칼이 칼날을 예리하게 유지하기 수월하다.

도마의 컴퓨터화

또 식칼이 닿는 쪽인 도마도 재질이 나무나 합성수지로 된 것 등 여러 가지가 있으며 재질마다 칼날이 닿는 느낌이나 식재료가 미끄러지는 정도가 다르다.

2013년 10월에 'Sharp Europe(샤프유럽)'이 터치스크린을 탑재한 '인터랙티브 도마(Chop-Syc)'의 시제품을 발표한 적이 있다. 이것은 도마에 레시피 영상이 뜨고 그것을 보면서 조리할 수 있는 것이다. 또 디지털 저울 기능도 있어 식재료 무게를 달거나 계산도 가능하므로 인원수에 맞는 분량을 산출할 수 있다.

손목시계나 안경과 같이 몸에 착용하는 '웨어러블 컴퓨터'처럼 조리기구와 조리기기에도 쿠킹컴퓨터화가 이루어지면 냉장고가 안에 보관한 식료품의 유효 기간을 알려준다든지 칼과 도마가 잘게 다지는 법을 가르쳐줄지도 모른다.

다양해지는 가열용 조리기기

세 가지 전열 방법

자르기와 함께 조리에 꼭 필요한 가열용 기구로는 각종 냄비나 가스화로 같은 열원 전용기와 전기밥솥, 오븐 같은 가열용 조리기구가 있다.

냄비는 각종 가열조리에 사용되고 형태나 크기, 재질에 따라서 종류가 다양하다. 굽기, 조리기, 볶기, 찌기, 튀기기, 밥 짓기 등 조리 방법이나 일식, 서양식, 중식 등 조리 방식의 특징을 고려해 목적에 맞는 냄비를 선택하면 된다.

식재료에 열을 전달하는 방법에는 주로 전도, 대류, 방사라고 하는 세 가지 방법이 있다. 전도는 두 가지 사물이 직접 접촉해서 열을 주고받는 현상으로, 프라이팬으로 팬케이크를 굽는 것이 여기에 속한다. 대

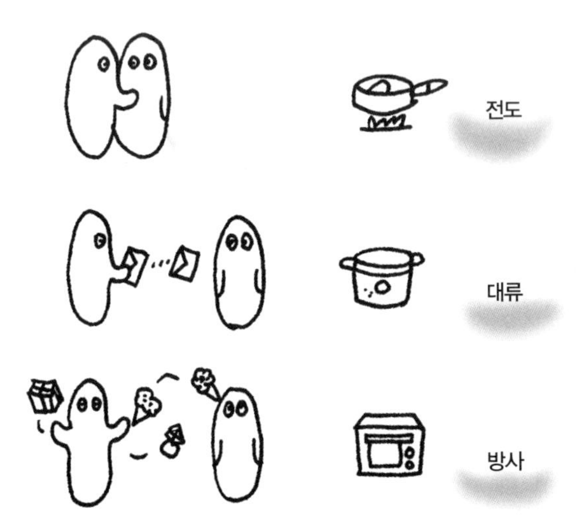

류는 뜨거운 물체가 차가운 물체를 움직이게 해서 열이 전달되는 현상으로, 오븐에 파이를 굽거나 뜨거운 물에 채소를 데치거나 찜통에 옥수수를 찌는 것이 모두 대류를 이용한 조리 방법이다. 방사는 전자에너지(마이크로파나 적외선)를 방출해서 그 에너지를 식재료에 전달하는 현상을 말하는데, 전자레인지나 숯불구이가 여기에 해당된다.

우리 생활 속에서 신비로운 전자레인지와 IH조리기의 특징을 간단히 살펴보기로 하자.

친숙한 비밀상자 전자레인지

신기술에는 군사적 기반을 바탕으로 발달된 것이 많은데, 전자레인지는 레이저기술을 모체로 1945년 미국에서 연구되기 시작하여 'rader range(레이더 레인지)'라는 상품명으로 출시되었다. 일본에서는 먼저 업무용으로 쓰이다가 1970년 무렵부터 가정에 보급되었다. 출시 당시 전자레인지는 불을 사용하지 않고 가열할 수 있는 신기한 물건으로 숱한 화제를 불러일으켰다. 오븐 내부가 데워지지 않았는데도 식품에서 김이 모락모락 나기도 하고 딱딱하게 굳은 떡이 말랑말랑해지니 마치 마법을 부리는 것 같다며 세상이 떠들썩했다.

전자레인지만큼 친근하면서도 그 원리를 제대로 모르는 조리기구는 없을 것이다. 전자레인지의 원리를 살펴보면, 먼저 내부의 마그네트론이라는 진공관의 일종에서 마이크로파가 방출된다. 마이크로파는 1㎜에서 1m까지 파장을 지닌 전자기파의 일종으로 마이크로파를 식품에 쬐면 식품 속의 물분자는 고속 회전을 반복한다. 일본의 전자레인지 주파수는 2450㎒이므로 물분자가 1초에 24억 5000만 회 진동하는 셈이다. 이 분자의 진동이 식품 내부에서 발열하는 것이다. 흔히 마이크로파에 의해서 물분자들이 서로 마찰하여 열을 발생시킨다는 이야기는 틀린 것이다.

마이크로파가 흡수되기 쉬운 정도는 식품 성분마다 다르다. 물분자는 마이크로파의 흡수효율이 높아서 수분 함량이 많은 식품은 발생되는 열량도 높고 온도도 빨리 상승한다. 한편 기름은 흡수효율이 낮기 때문에 기름을 적게 함유한 식품에서는 마이크로파가 기름 부분을 지나쳐버려서 잘 가열되지 않는다. 또한 식염을 함유한 식품은 마이크로파가 식품 내부에 충분히 도달되지 않고 표면만이 쉽게 가열되는 경향이 있다. 이 원리를 이용하여 전자레인지로 고기를 가열할 때 고기 표면에 소금을 뿌려서 레어로 굽기도 한다.

'IH'에 의한 주방 혁명

IH조리기의 IH는 유도가열을 의미하는 'Induction Heating'의 머리글자를 딴 것으로, 전자유도를 이용한 가열법을 말한다. 조리기구로 인한 가스 폭발이나 화재를 예방하고 전(全) 전기화주택(가정에서 사용하는 모든 에너지를 전기로 통일한 주택)을 추구하려는 사회적인 요구가 높아짐에 따라 안전하고 청결하면서도 고효율인 조리기가 필요하게 되었고, 이를 배경으로 1970년 미국에서 출시되기 시작했다.

IH의 원리를 살펴보면, 먼저 IH조리기 내부에 있는 자력 발생 코일에 인버터로 발생시킨 고주파의 교류 전류를 보내서 자력선을 발생시킨다. 이 자력선에 의해서 탑 플레이트 위에 놓인 냄비를 통과하는 와전류가 생성되고 이 전류가 냄비의 금속 내부에 흐를 때 냄비의 전기저항에 의해서 냄비 자체가 발열하게 되는 것이다.

IH방식은 전기밥솥이나 전기포트에도 이용되는 등 우리가 상상하는 이상으로 널리 보급되어 있다. IH조리기의 열효율은 약 90%로, 전자레인지가 70%이고 가스레인지가 40~50%인데 비해서 매우 높다는 장점이 있지만 냄비가 닿아 있어야만 가열되므로 직화구이가 불가능하다는 결점이 있다.

IH에 사용할 수 있는 것은 바닥이 편평하고 철을 함유한 자성체(철법랑, 스테인리스)로 구리나 알루미늄 냄비는 전기저항이 매우 작고 발열량이 적어서 지금까지는 사용이 불가능하다고 간주되어 왔다. 그러나 최근에는 조리기 내부의 인버터 수를 늘려서 고화력을 실현한 결과, 비자성체인 스테인리스 냄비에서도 정확하게 열이 전달되는 고출력 IH기기도 등장하고 있다.

● 조리기구로서의 실험도구

실험기기를 구사한 분자조리법

엘부이의 페란 아드리아나 팻덕의 헤스톤 블루멘탈은 실험실에서 사용되는 도구를 조리기구로 이용함으로써 요리의 가능성을 넓혀왔다.

대학의 유기화학실험에서 자주 사용하는, 액체를 감압하에서 증발 ·

농축시키는 진공회전농축기도 요리의 세계에서 비교적 오래전부터 쓰이기 시작했다. 감압에 의해서 용매의 끓는점을 낮추고 비교적 저온에서도 간단하게 액체를 제거할 수 있기 때문에 과일에서 나는 진한 향기를 농축할 때 이용된다. 또 원심분리기도 조리에 사용된다. 예를 들어 원심분리기로 토마토주스나 복숭아퓌레를 가라앉은 부분의 고체와 윗부분의 맑은 액체로 나누어 전혀 다른 식재료를 만들어내고, 각 재료의 특성을 살린 새로운 요리 개발에 응용한다.

과학실험에서 쓰이는 실험도구나 실험기기에는 요리에도 응용 가능한 도구가 무척 많이 있다. 특히 분리, 농축, 건조, 교반(휘저어 섞음), 정제, 온도 조절에 관한 기구들은 고도로 세분화되어 있고 용도와 기능이 철저하게 특화된 도구가 즐비하다.

예를 들어 어떤 식재료를 건조시켜서 분말로 만들고자 할 때 냉각과 가열이 제어 가능한 동결건조기를 사용하면 식재료의 풍미가 최고인

상태에서 분말로 만들 수 있다. 또 그 분말의 입자를 그물코가 다양한 체 진동기를 사용해서 마이크로미터 단위로 분류하면 혀끝의 감촉이 서로 다른 분말을 얻어낼 수 있다.

또한 과학기기 중에서도 잘게 분쇄해서 균일화하는 호모지나이저(homogenizer)에는, 고운 톱니가 고속 회전하는 것부터 부드러운 동물 장기 등을 균일하게 하는 유리와 테프론 재질의 것, 단단한 이와 뼈 같은 것을 분동으로 가루를 내는 것, 그리고 초음파로 세포 단위로까지 분쇄하는 것에 이르기까지 다양한 종류가 있다. 이것들을 사용하면 일반적으로 잘 섞이지 않는 식재료들도 하나로 합칠 수 있다.

게다가 동식물의 조직이나 병리 표본을 현미경으로 관찰하기 위해서 시료를 아주 얇은 조각으로 자르는 마이크로톰을 이용해서 냉동 물고기를 얇게 저미면 마이크로미터 두께로 회를 뜰 수도 있을 것이다. 원하는 유전자의 DNA를 금속 미립자에 코팅한 다음 세포에 쏘아 넣는 유전자총을 이용하면 고기 세포 속에 향신료의 향기 입자를 세포 차원에서 넣을 수 있게 될지도 모른다.

실험도구의 위험성

실험에 사용하는 도구나 기기는 새로운 요리와 조리의 가능성을 엄청나게 넓혀줄 것이다. 하지만 사용법을 정확히 알고 쓰지 않으면 큰 사고를 불러일으키기도 한다.

흔히 연구에 사용되는 액체질소는 요리의 세계에도 많이 도입되고 있는데, 2009년에 독일인 요리사가 액체질소로 요리를 하려다가 실수

해서 양손을 잃는 끔찍한 사고가 발생했다. 사고의 원인은 밝혀지지 않았지만 액체질소 보존용기를 밀폐시켜놓았을 가능성이 있다.

액체질소는 끓는점이 마이너스 198℃로 실온에서는 계속 기화한다. 단열 용기에 보관해도 단열이 완전히 이루어지지는 않으며 용기 속에서는 질소가 끊임없이 증발하고 있다. 액체가 기화하면 약 700배로 팽창하기 때문에 액체질소가 들어 있는 용기를 밀폐해버리면 질소가스가 빠져나갈 곳을 잃고 엄청난 고압에 이르고 만다. 따라서 액체질소 용기는 절대로 밀폐시키면 안 된다. 또한 액체질소가 인체에 닿으면 동상에 걸린다. 눈에 들어가면 최악의 경우 시력을 잃을 위험도 있다. 그렇기 때문에 가죽장갑과 안경, 고글 같은 보호장구를 갖추는 등 세심한 주의가 필요하다.

실험에 쓰이는 도구나 기기를 조리에 사용할 때에는 경험자로부터

안전을 위해서,
장갑, 고글, 그리고 환기를!

사용 방법을 배우고 그 원리 원칙을 확실하게 습득한 사람만이 이용하게 하는 등, 안전 관리에 최대한 주의를 기울여야 한다.

칼럼 ⑪ 인류 역사상 가장 위대한 조리기구는 무엇인가

현대 인류의 번영은 안정된 식량 확보라는 기반 위에서 이루어지고 있다. 지금까지 인간이 생명을 뒷받침하는 음식을 위해서 기울여온 열정과 노력은 참으로 엄청난 것이어서, 수많은 선조들에 의해서 음식 발명이 무수히 이루어져왔다.

2012년 11월에 영국 왕립협회의 과학아카데미가 '음식의 역사상 가장 중요한 발명 TOP 20'을 발표했다. 노벨상 수상 회원들이 선정한 결과는 다음과 같다.

1. 냉장고, 2. 살균 · 멸균, 3. 통조림, 4. 오븐, 5. 관개, 6. 탈곡기 · 콤바인 수확, 7. 굽기(베이킹), 8. 선발육종 · 품종개량, 9. 분쇄 · 제분, 10. 가래, 11. 발효, 12. 어망, 13. 윤작, 14. 냄비, 15. 나이프 · 식칼, 16. 식기, 17. 코르크, 18. 나무통, 19. 전자레인지, 20. 튀기기(프라잉)

순위를 살펴보면 가정에 흔한 냉장고와 전자레인지 같은 가전제품부터 관개, 선발육종 · 품질개량, 가래 등 식량 생산 분야에 이르기까지 폭넓은 발명품이 나열되어 있다. 그러나 상위 세 개가 모두 식품의 저장과 보존에 관한 발명임을 감안하면 얼마나 오랫동안 인류가 먹을 것을 안전하고 또한 맛있게 보존하는가에 노력과 지혜를 기울여왔는지 짐작할 수 있다. 4위에 오른 오븐이나 훨씬 아래에 나열된 전자레인지 같은 조리도구보다도 인간에게 골칫거리인 미생물과의 싸움에서 음식의 안전 · 안심을 확보하는 것이 인류에게 있어 더 위대하다는 판단은 이치에 맞는다. 또한 이것은 영국이 발표한 순위이기에 다른 나라에서 실시한다면 그 나라의 고유한 문화가 담긴 다른 것이 뽑힐 수도 있을 것이다.

TOP 20에는 오늘날 있는 게 당연한 물건들이 열거되어 있다. 너무나 익숙한 나머지 소중함을 깨닫기 어려운 것들인데, 그 정도로 모두 위대한 발명이었다는 뜻일 것이다.

3 조리조작

단순하면서도 심오한 '자르기'

자르기의 과학

요리를 만들 때 식칼을 사용해서 식재료를 자르는 공정은 누구에게나 자주 등장한다. 그런데 이 자르는 조작을 제대로 습득하기란 대단히 어려운 일이다.

서양 요리에 쓰이는 양식 칼과 중국 요리에 쓰이는 중식 칼은 양날이고 일식 요리에 쓰이는 칼은 기본적으로 한쪽 날이다(그림 4-1). 한쪽 날은 일본 칼의 고유한 방식이다. 잘리는 칼날이 있는 쪽을 겉, 없는 쪽을 안이라고 하며 칼의 겉과 안에 따라서 칼이 드는 느낌이 다르다. 물론 한쪽 날에는 오른손잡이용과 왼손잡이용이 나온다. 한쪽 날인 식칼을 능숙하게 쓸 줄 알게 되면 외관이 섬세하고 아름다운 일본 요리를 만들 수 있다.

한쪽 날과 양날에서는 미는 힘이 같아도 식칼에 가해지는 힘이 다르다. 예를 들어 그림 4-1처럼 똑같은 힘 OP로 식칼을 밀어 내려서 자르려고 할 때, 양날에서는 양쪽으로 힘(OQ, OR)이 균등하게 분산되지만 한쪽 날에서는 한쪽에만 2배의 힘이 작용한다(OR′=2OR). 다시 말해서 양날에서와 똑같은 힘으로 한쪽 날로 자를 때에는 내리누르는 힘을 절반만 쓰면 되는 셈이다. 살이 부서지기 쉬운 식재료는 칼날을 밀쳐내는 저항이 작기 때문에 다른 부분에 압력을 가해서 뭉개지지 않도록 한쪽 날로 자르는 것이 좋을 것이다.

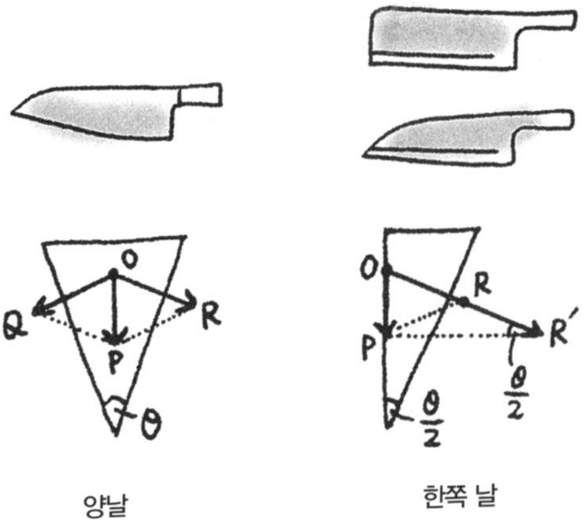

양날

한쪽 날

| 그림 4-1 식칼의 종류와 식칼에 가해지는 힘 |

칼날 끝의 각도(θ)가 크고 날이 두꺼운 식칼은, 칼날이 두꺼우면 식재료를 옆 방향으로 벌리는 힘이 크게 작용해서 칼 드는 맛은 거칠지만

단단한 것도 수월하게 자를 수 있다. 한편 칼날이 얇은 소형 칼은 재료가 쉽게 잘리고 섬세한 세공을 하는 데 편리하지만 부드러운 식재료밖에 다룰 수 없다는 난점이 있다.

식칼의 종류에 더해서 그 사용법도 중요한데, 기본적인 자르기에는 수직으로 내리눌러 자르기, 밀어 자르기, 당겨 자르기가 있다(그림 4-2).

수직으로 내리눌러서 자르기는 식칼의 날을 수직으로 내리고 식재료를 눌러 자르는 방법으로, 두부 같은 부드러운 식재료를 자르는 데 적합하다. 한편 밀어 자르기나 당겨 자르기는 식칼을 밀어내는 힘 또는 당기는 힘과, 칼날에 닿는 식재료에 수직인 힘의 합력에 의해서 자른다. 밀어 자르기의 예에는 채소, 당겨 자르기에는 생선회 등이 있다.

자르기는 궁극의 조리법

어패류를 잘라서 회를 만들 때, 일본어에서는 자른다고 하지 않고 당긴다고 표현하는데, '당겨 자르기'의 동작에는 수직으로 내리눌러서 자르는 것보다 위에서 누르는 힘을 최소한으로 하면서 재료를 자를 수 있다는 이점이 있다. 회칼은 한 번에 당겨 자를 수 있도록 긴 날로 되어 있어, 어떤 것은 길이가 30㎝가 넘기도 한다.

자르기만 하는 이른바 궁극의 조리법으로 완성되는 회는 일본의 대표적인 고유 음식으로 자르는 방법에 따라서 '서는 자세'도 크게 달라진다. 한 번에 당겨 자른 어패류의 절단면은 유리 표면처럼 편평하고 회에 윤기가 흐르며 입에 넣으면 혀끝의 감촉이 매끄럽다. 반대로 강한 힘으로 눌러 뭉개듯이 자르면 재료의 형태가 변하고 절단면은 흐트러져서 혀끝의 감촉은 물론 보기에도 좋지 않다.

날이 잘 드는 칼과 무뎌진 칼로 자른 회의 절단면을 각각 전자현미경으로 관찰하면, 잘 드는 칼로 자른 회의 단면은 근섬유가 원래의 형상을 유지하고 있다. 이에 반해서 날이 무뎌진 칼로 자른 회의 단면에는 근섬유가 변형되어 근섬유 사이에 틈새가 나타난다. 근섬유가 손상되면 회가 겉모양은 물론 식감도 나빠지고 감칠맛을 함유하는 진액 성분

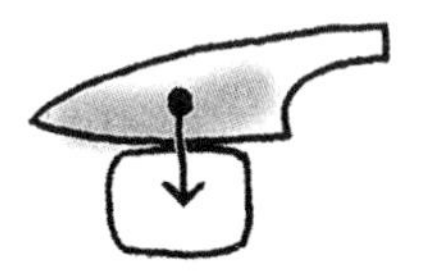

수직으로 내리눌러 자르기

밀어 자르기

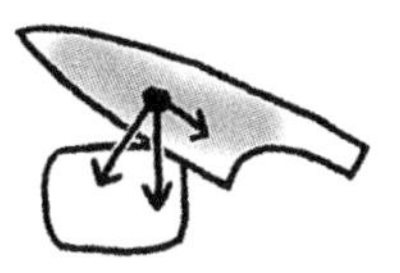

당겨 자르기

| 그림 4-2 식칼 사용법 |

이 빠져나가서 맛도 떨어진다.

회는, 얼핏 조리다운 조리는 하지 않은 것처럼 보이지만 일식 칼을 만드는 장인의 솜씨와 칼을 구사하는 요리사의 높은 기량을 바탕으로 한, 진정 심오한 요리라고 할 수 있다.

◐ 열을 가한다, 열을 빼앗는다

가열조리=온도×시간

식재료 그대로는 먹을 수 없지만 가열하면 먹을 수 있는 것이 많이 있다. 쌀, 콩, 힘줄이 많이 들어 있는 육류 등은 조리하면 맛있게 먹을 수 있다. 본디 그 식재료들은 날것 상태에서는 먹을 수 없거나 먹기 힘들다. 또 날것으로 먹을 수 있는 것이라도 가열하면 풍미가 더욱 깊어지거나 식감이 부드러워지며 식중독의 위험은 줄어들고 체내 흡수율이 높아진다.

가열에 의해서 식재료에 열에너지를 가하면 식품을 구성하는 분자의 운동이 활발해져서 온도가 올라간다. 온도가 올라가면 식품 분자가 반응을 일으키는 비율이 증가하고, 온도가 높을수록 그 반응 속도도 빨라진다. 그 결과 식품 내부에서 다양한 물리화학적 반응이 일어난다. 즉 식품을 가열조리를 하는 것은 식품의 온도를 높여서 식품 분자의 여러 가지 반응이 일어나기 쉽게 하는 것이라고 바꾸어 말할 수 있다. 가열조리에서는 온도와 시간의 조절, 이른바 TT관리(Time and Temperature control)가 매우 중요하다. 가열조리의 화학반응은 이 온도와 시간이라는 두 변수에 의해서 결정되기 때문이다.

가열조리에서 중요한 점은 오븐이나 그릴 내부의 온도뿐 아니라 식재료 속의 온도가 제어되고 있는지 유의해야 한다는 것이다. 190℃ 오븐에서 10분간 고기를 굽는다고 해도 그 고기를 상온에 두었던 것이냐 냉장고에서 방금 꺼내온 것이냐에 따라서 만듦새가 크게 달라진다. 고기의 표면 온도와 내부 온도의 온도 차이도 감안해서 조리하지 않으면 굽기 정도가 원하는 대로 완성되지 않을 것이다.

돌에 구운 고구마가 맛있는 이유는 전열 속도 때문?

식재료에 열을 전달하는 방식에 따라서도 요리의 완성된 상태는 크게 달라진다. 전도, 대류, 방사 등 방법에 따라서 화학반응이 일어나는 온도 자체가 변하는 것은 아니지만 열이 전해지는 속도는 달라진다.

예컨대 찐 고구마보다 돌에 구운 고구마가 더 맛있게 느껴지는 것은 뜨거워진 돌의 방사에 의해서 식재료에 열이 천천히 전달되어 고구마에 들어있는 녹말을 당으로 바꾸어주는 효소가 훨씬 오랫동안 작용하고 그 결과 단맛이 많아지기 때문이다. 또한 두유를 가열할 때에도 온도 그 자체는 물론 온도가 올라가는 속도에 의해서도 두유 단백질분자 덩어리의 크기가 달라진다. 이 단백질 덩어리의 크기에 따라서 운송 시 안정성이나 두부로 만들었을 때 응고되는 정도가 달라진다.

차갑게 하는 조리법

흔히 조리한다고 하면 구이나 조림 등 열을 가하는 조작이 가장 먼저 떠오르지만, 뜨거운 물로 녹인 젤라틴을 식힌다거나 아이스크림을 만들 때 열을 빼앗는 조작도 또한 조리이다. -79℃의 드라이아이스나 -198℃의 액체질소 같은 냉각재를 사용한 조리도 일부 레스토랑에서 활발하게 행해지고 있다.

미국 시카고에 있는 레스토랑 '알리니아(Alinea)' 셰프인 그랜트 애커츠는 엔지니어와 협력하여 주방에 차갑게 한 철판을 도입하고 식재료를 순간적으로 얼린 참신한 요리를 만들고 있다. 게다가 미국의 폴리사이언스는 그에게 자극을 받아 '안티철판(Anti-Griddle)'이라고 하는, 쾌속냉동용 조리도구를 판매하고 있다.

-35℃로 냉각된 안티철판 위에 초콜릿이나 휩크림을 얇게 얹으면 열을 급속히 빼앗으면서 조리된다. 속은 끈적끈적하고 크리미한 상태 그대로인 채 표면만 파삭파삭한 상태로 완성할 수 있다. 또한 타이의 길거리음식 중에 부침개를 부치듯이 차가운 철판을 이용해서 만드는 롤 타입의 아이스크림이 있다. 앞으로 아이스크림 이외에 디저트나 요리 등을 눈앞에서 차게 해서 만드는 냉(冷)철판구이 가게가 인기를 끌지도 모른다.

◐ 새로운 요리를 디자인하기 위한 '첨가'

세계를 놀라게 한 인공이크라 기술

'올리브유캐비어'라는 것을 들어본 적이 있는가. 이것은 올리브유를 캡슐화한 인공 캐비어로, 스페인 바르셀로나 교외에 있는 '카비아롤리(Caviaroli)'라는 회사가 제조해서 판매하고 있다. 먹어보면 식감이 이크라(연어나 송어의 알을 헤쳐서 소금물에 절인 식품)처럼 '톡톡' 터진다. 풍미는 올리브유 그대로라서 크래커 위에 담백한 모차렐라치즈나 토마토와 함께 곁들이면 보기에도 산뜻한 애피타이저로서 최고이다.

올리브유캐비어처럼 식품을 캡슐로 만드는 기술은 엘부이의 페란 아드리아의 요리에 의해서 대번 유명해졌다. 이 매혹적인 올리브유캐비어는 아드리아가 일본을 방문했을 때 일본에 있던 '인공이크라(인조이크라)' 제조기술을 눈여겨본 것이 시초였다고 한다. 그는 올리브유뿐 아니라 메론 주스, 소스, 칵테일 같은 음료도 캡슐화해서 입안에서 순간적으로 터지는 캡슐로 세계의 미식가들을 놀라게 했다.

원조 인공이크라는 1980년대에 도야마 현 우오즈 시의 일본카바이드공업이 세계 최초로 생산하기 시작했다. 이것은 아르긴산나트륨 수용액을 염화칼슘 수용액에 방울지게 떨어뜨리면 표면이 겔화해서 젤리 상태로 굳어지는 원리를 이용한 것이다. 캡슐화 기술의 선구인 인공 이크라 만들기는, 이제는 과학 실험으로도 널리 행해지고 있고 간단한 실험도구 세트도 판매되고 있다.

요리에 사용되는 겔화제

미국이나 유럽의 전위적인 레스토랑에서는 아르긴산나트륨 따위를 이용해서 새로운 식감을 지닌 요리가 잇따라 개발되었다. 이 증점제(增粘劑)에 의한 겔화의 역할은 액체 식재료에 끈기가 많아지게 해서 형태를 유지하거나 완전히 굳히는 데 있다. 페란 아드리아는 증점제를 이용해서 액체의 겉을 젤라틴으로 감싸버리는 '구체화(spherification)'라고 하는 기법을 요리에 도입했다.

또 아르긴산나트륨 이외에 메틸셀룰로스, 카라기난, 레시틴, 구아검, 잔탄검 같은 증점제 · 유화제 · 안정제 첨가물을 써서 액체를 겔화 혹은 유화(乳化)하고 식감에 변화를 준 새로운 음식이 출현하고 있다.

증점제의 종류에 따라 만들어지는 겔에는 제각기 특징이 있다. 예를 들어 한천은 예로부터 일본 전통 과자에 쓰이고 있는 강력한 겔화제이지만, 한천의 종류에 따라서는 겔 상의 액체가 굳어지면서 수분을 방출하는 일종의 탈수 현상인 시네레시스(syneresis)가 나타나기도 한다. 한편, 카라기난은 시네레시스를 일으키지 않지만 산성 소재에는 사용할 수 없다. 레몬(pH2)를 재료로 한 카라기난 겔은 만들 수 없으므로 다른 증점제를 쓰든지 레몬의 pH를 올릴 필요가 있다.

또한 메틸셀룰로스는 조금 특이한 성질을 지닌 첨가물이다. 일반적으로 겔화한 식품은 고온이 되면 점도를 잃고 부드러워지고 온도가 내려갈수록 단단해지지만, 메틸셀룰로스는 그 반대로 가열하면 고체가 되고 저온에서 액체가 된다. 이 성질을 이용한 '핫 아이스크림'이 인기를 모으고 있다. 실상은 '아이스'크림이 아니라 메틸셀룰로스가 고체화한 뜨거운 크림이며 실온에 식으면 녹아버린다.

새로운 요리는 식감을 디자인 하는 데 있다?

지금까지 식품산업에서는 증점제를 이용해서 액체를 겔 상태로 바꾸고 소스를 유화하는 식으로 식감을 변화시켜서 안정된 제품을 생산해왔다. 품질을 안정되게 하고 재현성이 있는 음식을 제공하기 위해서 증점제, 유화제, 안정제 같은 식품첨가물이 사용되어왔다. 최근에는 식품가공업계에만 국한되지 않고 레스토랑이나 가정에도 도입되기 시작했다.

완전히 새로운 요리를 만들고자 할 때 세계 속 식재료를 비교적 간단히 들여올 수 있게 된 요즘에는 새로운 맛과 특이한 향기를 지닌 식재료로 승부하기가 좀처럼 어려워졌다. 일본의 겨울 미각인 유자조차 페란 아드리아에 의해서 유럽으로 퍼져 나갔고 현재는 일본으로부터 프랑스 등 유럽에도 수출되고 있을 정도이다.

따라서 풍미가 아닌 식감에 새로운 경지를 추구하며 식품첨가물을 요리에 쓰는 것은 지나치게 사용하는 데 대한 비판이 일어나고는 있지만 무언가 새로운 것을 만드는 데 하나의 당연한 결과라고 볼 수 있다. 맛있는 요리를 디자인하는 데에 식감을 첨가물로 제어하는 것은 앞으로도 활발하게 이루어질 것이다.

칼럼 ⑫ 3D푸드프린터 이슈1, NASA가 주목한 이유

최근에 3D프린터가 관심을 모으고 있는데 음식 분야에서도 그 이용을 모색하고 있다. 지금도 식품업계에서는 식용 잉크를 사용한 잉크젯프린터가 케이크나 쿠키 표면에 2D일러스트나 닮은 얼굴 그림을 그리는 데 쓰이고 있지만 이제는 입체적인 식품을 만들 수 있는 3D프린터로 세간의 관심이 옮아가기 시작했다.

지금까지 초콜릿이나 설탕 등을 재료로 해서 3D푸드프린터로 독특한 모양의 과자를 만드는 시도가 이루어졌다. 특히 초콜릿에 관한 한 '초콜릿 3D프린터'가 이미 발매되고 있다. 그러나 이들 3D푸드프린터에 의한 식품 제조과정 영상을 살펴보고 나서 나는 식품 분야에서 3D프린터의 보급에 회의적인 기분이 되었다. 3D푸드프린터로 만들어진 시제품이 거리의 제과점 진열장에 놓여 있는 수제 작품에 비해서 너무나 허술했기 때문이다.

공업제품의 시제품을 만들 때 3D프린터를 사용하면 데이터로부터 신속하게 처리하고 저비용으로 만들 수 있는 이점이 있지만, 음식에 있어서 3D프린터의 실용화가 어떤 장점을 갖는지 찾아내기 어려웠다. '음식'을 '출력'하는 데 인간의 장인적인 솜씨를 도저히 당해낼 수 없을 테니 3D푸드프린터는 음식 분야에서는 보급이 안 되지 않을까 하고 생각한 것이다. 하지만 최근에 3D푸드프린터에 관한 뉴스를 접하고 그 생각이 조금씩 바뀌게 되었다.

2013년 5월, NASA(미항공우주국)가 3D푸드프린터를 개발하는 기업에 12

만 5,000달러의 기금을 제공한 것이 화제가 되었다. 이 기업이 NASA에 제출한 기획안에 따르면 이 프린터는 3D프린트 기술과 잉크젯 기술을 써서 잉크젯 카트리지에 건조한 단백질이나 지방 따위의 주요 영양소와 향료 등을 세트하고 피자와 같이 다양한 형태와 식감의 음식을 출력한다는 것이었다.

그런데 왜 NASA가 3D푸드프린터 개발에 출자했을까. 그것은 화성 등에 장기 체류하는 우주비행사를 대상으로 3D프린터로 음식을 출력하기 위해서인 듯하다.

식사는 단순한 영양 섭취뿐만 아니라 맛을 봄으로써 정신적인 만족이 얻어지는 측면도 있다. 음식의 기호적인 기능에 질감은 중요한 역할을 한다(제2장 참조). 식품 속의 질감을 만들어내려면 음식을 입체적으로 만들 필요가 있고 3D푸드프린터가 그것을 개발하는 데 크게 공헌할 수 있는 잠재력을 지니고 있다.

또한 3D프린터는 정교한 것을 쉽게 만들 수 있는데 누구나 어디서든 만들 수 있다고 하는 장점도 있다. NASA는 이 특징에 주목했다고 볼 수 있다. 즉 우주공간이라는 한정된 장소에서 우주비행사라는 한정된 사람이 한정된 식재료를 토대로 식사를 만들 수 있는 조리기기가 어쩌면 이 3D푸드프린터가 될 수도 있을 것이다.

이 같은 용도는 우주에만 국한되지 않는다. 미래에 재난이 발생했을 때에 3D푸드프린터를 가져가서 이재민을 위한 식사를 만든다고 하는 이용법도 고려할 만하다. 현장에서 가장 필요한 것을 가장 적절한 시점에서 공급한다고 하는 3D프린터의 특성이 음식 분야에서도 사회를 크게 바꾸어 놓을 수 있을 듯하다.

제5장

미래의 요리

1 스테이크와 분자요리

맛있는 스테이크를 추구하면 결국 직접 소를 키우게 된다

분자조리=분자조리학×분자조리법

분자조리가 나아갈 방향은 첫째 전통적인 맛있는 요리에 숨은 원리를 과학적으로 연구하는 것이고, 둘째 신기술을 이용해서 더욱 맛있는 요리를 개발하는 것이라고 제1장에서 정의했다. 첫째가 과학인 분자조리학에 해당하는 이야기이고, 둘째가 기술인 분자조리법에 해당하는 이야기이다.

이 장에서는 분자조리에 대한 각론으로 들어가 많은 사람이 좋아할 거라고 생각되는 세 가지 요리인 스테이크와 주먹밥, 오믈렛을 통해 분자조리학을 고찰하려고 한다. 여기서 더 나아가 분자조리법에 의해서 개발되어 실제로 존재하는, 요리를 뛰어넘는 요리 '슈퍼스테이크', '슈퍼주먹밥', '슈퍼오믈렛'에 대해서도 살펴보겠다.

‘슈퍼(超)요리’는 앞으로 그 등장이 기대되는, 신기술을 바탕으로 한 나의 상상 속에만 존재하는 요리이다. “그런 건 절대 안 돼!”라는 반응 투성이이지만 과학자란 어떤 의미에서는 꿈을 꾸지 않으면 안 되는 사람이다. “앞으로 50년 후, 100년 후에는 생길지도 몰라” 하고 편안한 마음으로 즐겁게 상상해준다면 좋겠다.

스테이크에 대한 설렘은 만국 공통?

외국에 갔을 때 가장 먼저 먹고 싶었던 음식은 그 지역의 향토음식이었지만 특별히 이렇다 할 메뉴가 없으면 그냥 스테이크하우스에 가곤 했다. 스테이크 전문점에서 스테이크를 먹을 때면 특별한 날 차린 진수성찬 앞에 앉은 듯 행복한 기분이 드는 것은 만국 공통이 아닐까 생각한다. 식육문화가 두드러진 나라에서도 스테이크는 잘 차린 요리의 대명사일 것이다.

한참 고민한 끝에 주문한 스테이크가 접시에 담겨 나오는 순간에는 대번 도파민이 용솟음치며 흥분되기 시작한다. 고기를 한입 크기로 잘라 입에 넣어 씹으면 β-엔돌핀이 넘쳐나고 행복에 젖어든다. 이때 사람들의 표정을 보면 그 심리 상태를 아주 쉽게 읽어낼 수 있다.

어릴 적 우리 집에서는 “소고기는 맛없어” 하는 어머니의 지극히 주관적인 이유와 경제적인 이유 때문에 식탁에 소고기요리가 올라온 적이 없었다. 내가 “제발, 소고기!” 하고 조른 끝에야 처음으로 돼지고기가 아닌 소고기가 들어간 전골을 먹게 되었고, 그때가 초등학교 고학년 무렵이었다. 달걀을 푼 것에 소고기를 찍어서 입에 넣은 순간, 그 첫맛은 둘이 먹다 하나가 죽어도 모를 지경이었다. 그 뒤로 내 안에서는 더욱더 소고기가 진수성찬이란 느낌이 강하게 드는 식재료가 되었다. 특히 소고기를 두툼한 그대로 간단히 구워 먹는 스테이크는 어린 시절의 경험과 뒤섞여 왠지 묘한 매력이 느껴지는 요리이다.

소먹이에 스테이크의 맛이 숨어 있다

캐나다 신문 〈글로브 앤드 메일〉에 칼럼을 기고하는 마크 샤츠커는 그의 책《스테이크! 세상에서 가장 맛있는 소고기를 찾아 떠나는 여행》에서 미국 텍사스를 기점으로 프랑스, 아르헨티나, 일본 등 일곱 나라를 두루 다니며 무려 45kg에 이르는 스테이크를 먹어치우고 나더니 직접 소를 키워야 한다는 결론을 내렸다. 그 체험에 대한 묘사가 압권인 책이다.

궁극적으로 맛있는 요리를 만들기에 앞서 가장 중요한 일은 그 식재료를 철저하게 파악하는 것이다. 궁극적으로 맛있는 스테이크를 먹고 싶다면 먼저 궁극적으로 맛있는 소고기를 찾아내야 한다. 같은 소고기라고 해도 소의 품종, 비육 기간, 영양 상태, 부위, 기후와 풍토 등에 따라 그 맛이 확연히 달라지기 때문이다. 특히 소가 먹는 먹이는 소고기에 함유되어 있는 지질을 변화시킨다.

최근에는 지방이 적은 적색육이 주목받고 있지만, 지질은 스테이크 맛의 근간이며 지질을 구성하는 분자는 스테이크 맛에 크나큰 역할을 담당한다. 따라서 '그 소가 무엇을 먹고 자랐나'를 파악하는 것은 맛있는 소고기를 살 때 알아두어야 할 필수 사항일 것이다.

마블링, 소고기 맛의 원천인 지질의 역할

소고기의 지질은 생물학적으로 보면 지방세포가 모인 지방조직과 그것을 떠받치는 결합조직으로 이루어져 있는데, 지방세포는 지방방울이 내부에 쌓여 비대해진 것이다. 골격근을 구성하는 근섬유다발 사이에 쌓여 있는 근육 내 지방을 지방교잡이라고 부르는데 그 지방교잡의 정도, 즉 마블링의 정도가 소고기의 품질을 결정하는 중요한 요소가 된다.

제3장에서 살펴보았듯이 지질의 주요 분자인 트리아실글리세롤은 1분자의 글리세롤에 3분자의 지방산이 결합된 것이다. 팔미트산과 같은 포화지방산을 비교적 많이 함유한 고기는 지방의 녹는점이 높고, 올레인산이나 리놀산 같은 불포화지방산을 많이 함유한 고기는 녹는점이 낮다. 녹는점이 낮다는 이야기는 입에 넣었을 때 혀에 닿으면 쉽게 녹는다는 뜻이다. 올리브나 아몬드 등의 씨앗열매에 풍부한 불포화지방산을 많이 먹고 자란 가축의 살에는 그 먹이의 지질 성분이 옮겨져 있어서 고기 맛이 더 깔끔하게 난다고 알려져 있다. 도토리를 먹고 자라는 이베리코돼지가 최고급이라고 부르는 이유 중 하나는 도토리 속의 올레인산이 그대로 고기에 옮겨져 있기 때문이다.

게다가 식용육에 원래 들어 있는 지방분해효소인 리파아제가 가열에 의해 활성화하면 트리아실글리세롤이 분해되어 구성 분자인 글리세롤이 생성된다. 이 분자는 아주 '달콤하다'. 이런 지질분자로부터 분해되어 생성된 글리세롤의 단맛 때문에 지방 함량이 많은 소고기스테이크가 달게 느껴지는 것이다.

지질은 또 고기의 향에도 깊이 관여한다. 숙성이 잘된 생고기에서는 우유 냄새와 비슷한 달콤한 락톤 향이 난다. 이것은 지질을 어느 정도 함유한 살코기를 산소가 있는 조건 아래서 숙성시키면 생성된다. 살코기 속에 증식하는 통성혐기성 저온세균(산소의 유무와 관계없이 생육하며 저온을 좋아하는 세균)이 팔미톨레산과 올레인산에 작용해서 생성되는 것으로 여겨진다. 또한 마블링 고기로 전골이나 샤브샤브를 끓일 때에도 특유의 기름지고 달콤한 냄새가 난다. 이 냄새는 지방교잡이 좋은 와규 고기를 산소가 있는 상태에서 숙성시킨 뒤 100℃ 이상 온도에서 가열하면 많이 발생한다. 숙성되는 동안 생성된 냄새의 선도 물질이 가열처리 시 산화반응에 의해 향기 성분으로 변환되는 것으로 보인다.

다시 말해서 지질분자의 본체인 트리아실글리세롤이 스테이크의 질감과 맛, 그리고 향기에 다각적으로 영향을 주고 있는 셈이다.

고기의 분자조리학 — 안티 '안티에이징'의 세계

의료의 에이징과 식품의 에이징

스테이크가 맛있으려면 무엇보다 고기가 좋아야 한다. 게다가 최적의 숙성이라고 하는 조용한 조리 과정이 식육의 세계에서는 반드시 필요하다.

본디 숙성을 의미하는 영어인 '에이징(aging)'은 세월을 쌓아간다는 뜻도 되지만 '나이 듦 · 노화'라는 뜻도 된다. 특히 최근에 와서는 미용과 관련해서 노화 방지, 즉 안티에이징이란 말로 자주 듣게 된다. 의료 분야에서 에이징은 극복해야 할 부정적인 색채가 짙은 말이지만 식품학 분야에서 에이징은 식품의 품질을 향상시킨다는 긍정적인 의미가 내포된 말이다.

일본 요리에는 다른 나라에 비해서 채소나 어패류 같은 식재료를 거두고 나면 짧은 경과 시간, 즉 갓 수확해서 싱싱하다는 것을 강조하는 요리가 많다. 그러나 식육의 세계에서 갓 잡은 것은 오히려 금기로 여기는, 이른바 안티안티에이징의 세계인 것이다.

근육이 식육이 될 때

식육은 본디 수축과 이완을 반복하며 몸을 움직이고 있는 가축의 근육이다. 가축의 근육을 식용으로 하려면 가축을 도살하지 않으면 안 된다. 하지만 도살한다고 해서 곧바로 근육이 식육이 되는 것은 아니다. 갓 잡은 고기는 사후경직에 의해서 근육이 굳어버리기 때문에 숙성을 통해서 부드럽게 할 필요가 있다.

사후경직이 일어나는 과정은 이러하다. 가축의 숨이 멎으면 근육 속에 산소를 필요로 하는 생화학반응이 더 이상 일어나지 않게 되고 산소가 없는 상태에서 에너지원이 분해되는 '혐기적 당분해 반응'이 진행되어 글리코겐으로부터 젖산이 쌓이기 시작한다. 이 젖산의 축적 때문에 근육의 pH는 5.5 가까이 떨어지고 근육 수축의 에너지원인 ATP도 완전히 없어진다. 그 결과 근육 수축에 관여하는 근육섬유단백질인 미오신과 액틴이 결합해서 액토미오신을 생성하고 근육이 수축한 채 사후경직 상태가 된다. 이 상태가 되면 고기는 질길 뿐만 아니라 보수성(保水性)과 결착성도 떨어진다.

사후경직이 끝나고 일정 시간이 지나면, 산성 pH에서 작용하는 근육 속 단백질분해효소에 의해서 각종 단백질이 분해되기 시작하고 경직이 풀리는 경직 해제 현상이 일어난다. 이렇게 해서 고기가 부드러워지는 것이다. 이것이 숙성의 메커니즘이다.

숙성의 효용

숙성의 첫째 목적은 사후경직으로 굳어진 고기를 부드럽게 하는 데 있지만, 사후경직 때 잃어버린 수분을 일부 회복하고 맛과 향을 향상시키려는 부수적인 효과도 얻는 데 있다.

고기의 감칠맛 성분인 아미노산과 이노신산 등은 숙성 과정에서 증가한다. 아미노산은 근육 단백질이 다양한 단백질의 효소 작용에 의해서 분해되면서 생성된다. 핵산계의 감칠맛 성분인 이노신산은 다양한 효소 작용에 의해서 ATP에서 ADP, AMP, IMP, 이노신산으로 변환된다.

고기의 가장 좋은 질감은 씹었을 때 느껴지는 적당한 부드러움, 혀끝에 감도는 매끄러움, 풍부한 육즙이라는 세 가지로 요약할 수 있다. 고기의 부드러움은 고기를 구성하는 근원섬유와 결합조직, 지방조직 상태에 따라 달라진다. 고기의 매끄러움은 지방의 녹는점과 연관이 있다. 풍부한 육즙은 근원섬유의 구조가 어떤가에 달려 있다.

보수성(保水性)이 높은 고기는 수분을 간직하고 있어서 신선하고 맛있게 느껴진다. 게다가 이 수분에는 감칠맛 성분이 들어 있기 때문에 육즙이 풍부한 고기가 더욱 맛있게 느껴지는 것이다. 고기의 수분 유지(보수성)를 좌우하는 인자는 pH 그리고 섬유의 결과 탄력이다. 보수성은 식육 단백질의 양전하와 음전하가 0이 되는 등전점에 가까운 pH5 근처에서 가장 낮게 나타난다. 이런 고기를 씹으면 육즙이 한 번에 빠져나오고 섬유만 남아서 감칠맛이 없고 퍽퍽하다. 반대로 보수성이 너무 높으면 육즙이 나오지 않고 감칠맛이 느껴지지 않는다. 보통 고기는 pH가 6 근처에 해당하므로 씹을수록 육즙이 많이 흘러나온다. 또 고기 섬유가 세밀하고 빽빽이 들어차 있으면 모세관현상에 의해서 수분이 잘 유지된다.

건조 숙성과 습식 숙성

소고기의 경우, 일본에서는 일반적으로 지육(枝肉. 도축 후 껍질을 분리하여 내장을 꺼내고 머리와 꼬리 부분을 제거한 상태의 고기)에서 잘라낸 부분육(지육을 부위별로 나눈 것)을 진공 팩에 담아서 1~3℃의 숙성고에서 7~10일동안 보존하는 '습식 숙성(wet aging)' 방식으로 소고기를 숙성시킨다. 이와는 다르게 지육 상태인 채 포장하지 않고 건조한 숙성고에서 일정 시간 저장하는 방식은 '건조 숙성' 방식이다.

미국의 고급 레스토랑을 중심으로 널리 보급된 건조 숙성 방식은 일본에도 들어와 정육점을 중심으로 시도하기 시작하면서 건조 숙성 소고기를 제공하는 음식점이 눈에 띄게 늘어나고 있다.

건조 숙성 중 단백질과 결합되어 있지 않은 자유수가 고기 겉으로 빠져나오면 그 물을 이용해서 곰팡이가 피어나고 곧 고기 한쪽 표면이 새하얗게 변하기 시작한다. 건조 숙성 기간은 보통 20~60일 정도로 습식 숙성보다 몇 배나 더 오래 걸린다. 건조 숙성을 하면 건조로 인해서 수분이 날아가고 고기 표면을 잘라내 버려야 하기 때문에 고기의 무게가 20~40%나 감소하지만 건조 숙성을 통해서만이 낼 수 있는, 마치 견과류와 비슷한 향과 감칠맛이 나고 부드러워진다.

◐ 분자조리법에 의한 슈퍼스테이크의 가능성

스테이크용 고기 고르는 법

교토대학 교수인 후시키 도오루는 그의 책《깊은 맛과 감칠맛의 비밀》에서 음식이 내는 깊은 맛의 중심에는 지질과 감칠맛, 그리고 단맛이 있다고 썼다. 이 세 가지가 모두 스테이크에 들어 있다. 지질은 피하지방이나 근육과 근육 사이에, 감칠맛 성분은 육즙에, 단맛은 가열에 의해서 지질로부터 생성된다.

스테이크용 고기를 고를 때 지용성 맛과 수용성 맛의 균형은 고기 부위에 따라서 각각 달라진다. 예를 들어 등심살(rib roast)은 씹는 맛이 나는 부분과 지방이 농후한 부분이 모두 들어 있어 복합적인 맛이 나는 부위이고, 살코기 위주의 넓적다리살은 단백질이 분해되어 생긴 아미노산의 감칠맛이 풍부하게 나는 부위이다. 또한 등심살 바로 밑에 있는 채끝살(sirloin)은 기사의 칭호인 'Sir'가 붙는 고귀한 고기로, 피하지방과 근원섬유 사이의 지방과 살코기를 고루 즐길 수 있는 부위이다. 고기의 부위에 따라서 굽는 법과 즐기는 방식도 제각기 다르다.

스테이크를 구우려면 '영감'이 필요하다?

스테이크는 기본적으로 고기에 소금을 뿌려서 굽기만 하면 되는 요리이다. 조리 방법은 지극히 간단하지만 이것이 그렇게 말처럼 쉬운 일이 아니다. 고기 요리가 많은 프랑스 요리업계에서는 고기구이 요리사를 중시하고 굽기를 대단히 섬세한 작업이라고 보며 거기에는 거의 영감에 가까운 직감이 필요하다고 한다.

고기는 가열에 의해서 물리적 · 화학적인 영향을 받고 이에 따라 그 질감이나 풍미가 달라진다. 근원섬유단백질의 주요 구성 성분인 미오신은 55℃에서, 액틴은 70~80℃에서 수축되고, 근육 전체는 65℃ 정도에서 수축되기 시작한다. 그렇기 때문에 고기를 70℃ 이상 가열하면 이들 근원섬유단백질의 그물모양구조에 의해 유지되던 수분이 수축된 근육 밖으로 빠져나와 수분 함유량이 줄어들고 고기 무게도 20~40% 감소한다. 반대로 결합조직은 가열하기 전에는 질기지만 60℃ 이상에서 오래 가열하면 결합조직 내 콜라겐섬유의 삼중나선구조가 풀려 부드러운 젤라틴으로 변한다.

요컨대 스테이크를 굽는 과정에는 온도의 딜레마가 있어 가열이 지나치면 고기의 섬유가 너무 질겨지고 모자라면 콜라겐이 분해되지 않아서 질겨진다. 이처럼 고기를 부드럽게 하려면 가열 온도 조절이 아주 어렵기 때문에 영감이 필요하다고 하는 것이다. 근원섬유가 질겨지지 않으면서도 콜라겐은 분해되기 쉬운 60~70℃ 정도에서 오래 가열하는 것이 고기의 부드러움을 살리는 최적의 조건이라고 할 수 있다.

향긋한 냄새와 노릇노릇한 색이 식욕을 돋운다

스테이크는 식감은 물론이거니와 구울 때 피어오르는 고소한 향도 대단히 중요하다.

생고기는 동물 특유의 냄새와 피 냄새가 섞여 있지만 가열하면 독특한 향으로 변한다. 고기를 가열할 때 나는 향기는 아미노산, 펩티드, 각

종 당류, 지질, 유황화합물 등이 상호 반응함으로써 생겨난다. 소고기와 돼지고기를 구울 때 나는 향기가 각각 다른 것은 고기의 지질과 지질에 녹아 있는 물질이 다르기 때문으로 추측된다. 그러나 가열 조건에 따라서 그 생성 메커니즘이 달라지므로 정확한 내용은 아직 밝혀진 바 없다.

고기를 140℃ 이상 가열하면 마이야르반응(제3장 참조)이 일어나 휘발성 향기분자가 발생한다. 고기다운 이 향기는 고온에서 조리했을 때에만 생성되는 것이지만 그때 고기의 질감이 질겨지기 때문에 몇 도에서 구워야 하느냐가 중요한 문제가 된다. 또 마이야르반응에서 생기는 고기 표면의 노릇노릇한 색은 스테이크의 시각적인 맛으로도 중요한 역할을 맡고 있다.

진공조리법과 레이저쿠킹

진공포장 상태에서 식재료를 조리거나 찌는 진공조리는 육류에 가장 적합한 방법이다. 이렇게 조리하면 고기가 퍼석퍼석해지지 않고 골고루 익기 때문에 맛도 균일해져서 아주 부드러운 식감의 요리가 만들어진다. 진공조리에서 굽기는 불가능하지만, 필름으로 포장하기 전에 노릇노릇한 색을 입히고 진공조리가 끝난 다음 구우면 실패할 확률이 낮은 맛있는 구이요리가 탄생한다. 고기를 굽는 것만으로는 노릇노릇한 정도, 향기, 단단한 정도를 조절하기가 지극히 어렵기 때문에 레스토랑에서는 진공조리와 굽기 조작을 병행한 방법을 널리 사용하고 있다.

또 최근에는 메이지대학의 후쿠치 겐타로 교수 연구진이 레이저를 사용한 새로운 가열요리법을 제시했다. 이것은 레이저커터라고 부르는 기계와 카메라를 같이 놓고 식재료 표면 중 원하는 부위만을 부분적으로 가열하는 방식이다. 레이저를 이용해서 베이컨의 비계 부위만 가열하고 살코기 부위는 가열하지 않은 채 두기도 하고, 치즈에 글자를 쓰며 태우기도 하고, 새우전병에 2차원 바코드를 찍는 등 그 사례가 보고되었다. 앞으로 이 레이저 조리법을 이용해서 스테이크의 표면을 자동으로 구워낼 가능성도 고려해볼 만하다.

칼럼 ⑬ '시험관 배양육 햄버거'의 등장은 식육 신시대의 서막?

2013년 한 뉴스에서 소의 세포를 시험관에 배양해서 만든 '시험관 배양육 소고기'를 재료로 소고기버거를 만들어 시식해본다는 내용이 보도되었다. 네덜란드 마스트리히트대학의 생리학자 마르크 포스트 교수팀이 소의 근간세포를 배양한 뒤 3개월에 걸쳐서 만들어낸 2만 개에 이르는 근육세포에 빵가루와 분말 달걀을 첨가해 140g의 소고기패티를 만들었다는 것이다.
배양육 자체는 하얀색이라 소고기 같은 색을 내기 위해 붉은 순무 즙과 사프란을 첨가한 뒤 해바라기유와 버터를 넣고 구웠다. 조리를 담당한 요리사는 보통 고기보다 색이 아주 조금 옅은 것 같다고 이야기했다. 시식에 참가한 두 사람의 요리평론가는 "훨씬 부드러울 거라고 생각했다. 진짜 고기에 가깝지만 육즙이 적다. 지방분이 부족하지만 시판되는 햄버거와 비슷하다. 식감이 제법 좋다"는 감상을 밝혔다.
이 햄버거를 제작하는 데 무려 3천만 엔이나 되는 비용이 들었다고 한다. 구글의 공동 창업자가 거액의 연구비를 투자하고 있다는데, 포스트 교수는 제조 비용이 내려가면 앞으로 10~20년 뒤에는 슈퍼마켓에서 팔릴 수도 있다고 했다. 사람들은 왜 소고기를 배양하려고 할까.
현재 인류가 재배하는 농작물 중 70%는 식용 가축의 사료로 쓰이는데, 인구 증가로 인해서 심각한 식육 부족 현상에 직면할 거라고 내다본다. 따라서 식육 생산을 지속할 대안이 될 만한 카드로 배양한 소고기를 들고 나온 듯하다. 또한 온실가스에 있어서 가축 때문에 발생하는 이산화탄소는 세계 배출량의 5%, 메탄은 세계 배출량의 30% 이상과 관련이 있다. 배양한 고기를 재료로 햄버거를 만드는 것은 이산화탄소의 배출량을 줄이는 데 도움을 준다고 하겠다. 게다가 동물을 죽일 필요가 없기에 일부 채식주의자들에게도 제공이 기대되는 한편, 몇몇 동물애호단체에게도 환영을 받고 있다.
배양육은 식량문제와 지구온난화문제, 한발 더 나아가서는 동물복지의 관점에서도 그 실용화가 기대되지만, 다른 한쪽에서는 인공육 또는 인

조고기라고 부르며 이번에 배양한 소고기버거를 '프랑켄버거'라고 빈정대는 웹 사이트도 있었다. 사람이 만든 고기라고 하니까 찜찜하고 꺼림칙해서 비롯된 거부반응이 사람들의 마음속에 숨어 있음을 엿볼 수 있다.

이와 비슷한 예로 그 당시 최신 기술인 체외수정으로 태어난 아기를 시험관베이비 혹은 프랑켄베이비라고 불렀던 시대가 있었다. 1978년 세계 최초로 체외수정을 성공시킨 영국의 로버트 G. 에드워즈 박사는 이 체외수정기술의 개발로 2010년에 노벨상을 받았다. 오늘날 일본에서도 체외수정으로 태어나는 아기가 40명에 한 명꼴이라고 한다. 이제 체외수정은 현대의 불임치료에 없어서는 안 될 중요한 기술 중 하나이다.

현재 사회적으로 널리 수용되고 있는 체외수정 같은 기술도 세상에 처음 등장했을 때에는 거부반응이 적잖이 나타났기 때문에 배양육도 만약 실용화되기 시작한다면 처음에는 많든 적든 세상의 뭇매를 맞을 것이다. 그러나 개발이 진행되어 식품 진열대에서 자주 눈에 띄게 되면 차츰 마음의 장벽이 허물어질지도 모른다. 배양육은 제조 기술과 비용 문제가 해결되고 맛도 개선된다면 크게 발전할 가능성이 있다.

배양육을 시식한 평 중 지방분이 부족하다는 이야기가 있었지만, 고기의 지방세포를 배양해서 근육세포와 결합시킴으로써 살코기나 마블링 고기 등을 자유자재로 만들 수 있게 되면 기존 '생체(in vivo) 소고기'보다 더 맛있는 '시험관(in vitro) 소고기'로 스테이크를 만들어 먹을 수 있을지도 모른다. 환경 친화적이며 풍미와 식감, 게다가 영양도 뛰어나고 안전성 면에서도 문제가 없다면 새로운 식육 시대의 도래를 기대할 만하다.

소고기나 돼지고기뿐만 아니라 멸종이 우려되는 장어나 참치 같은 생선도 양식을 뛰어넘은 '시험관 배양 장어구이'나 '시험관 배양 참치초밥'이 시장에 나올 가능성이 있다. 미래에는 장어요리 음식점에서 "자연산으로 할까요, 양식으로 할까요, 아니면 '배양한 것'으로 할까요?"라는 질문을 듣게 될지도 모른다.

이렇듯 우리는 '식재료를 세포 배양해서 만든다'고 하는, '음식의 생산'이라는 개념이 크게 변화하는 시대를 맞고 있는 듯하다. 우리가 모르는 곳에서 우리의 상상을 초월한 식품은 오래전부터 이미 개발되고 있었다. 앞으로 어떠한 식재료와 기술에 의한 새로운 요리를 보게 될까. 우리는 식탁에 차린 음식을 보고 놀라지 않도록 마음의 준비를 해두어야 할 것 같다.

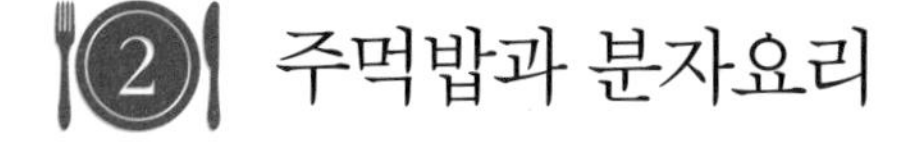

주먹밥과 분자요리

맛있는 밥은 분명 존재한다

주먹밥의 이미지

미야자키 하야오 감독의 장편 애니메이션 〈센과 치히로의 행방불명〉을 보면, 주인공인 치히로가 하쿠라는 소년이 준 주먹밥을 눈물을 뚝뚝 흘리면서 먹는 장면이 있다. 이 장면에 등장한 음식이 만약 초밥이나 전병이었다면 그 느낌은 전혀 달랐을 것이다. 사람의 손으로 정성껏 뭉친 주먹밥이기에 자연스럽게 등장인물의 감정에 공감이 간다.

일본인의 식생활 가운데서 주먹밥만큼 친근하면서도 마음에 울림을 주는 음식은 별로 없다. 주먹밥은 많은 일본인에게 일종의 '소울푸드'인 셈이다.

그 주먹밥에 대한 취향은 사람마다 다르다. 어떤 사람은 밥알이 단단한 것을 좋아하고 어떤 사람은 밥알이 무른 것을 좋아한다. 주먹밥을 만들 때에는 김을 미리 감싸두는 사람이 있는가 하면 먹기 직전에 감싸는 사람도 있다. 속에 넣는 재료도 생선살이나 매실장아찌 등 각자의 취향에 따라 얼마든지 다양하다. 예로부터 밥은 일본인의 주식이었기에 사람들은 어릴 적부터 배운 습관에 따라 자신이 좋아하는 밥맛을 학습해나간다. 게다가 흰쌀밥뿐만 아니라 여러 재료를 같이 넣고 지은 밥, 초밥, 볶음밥처럼 무엇을 넣고 요리하느냐에 따라서 밥맛이 달라지기 때문에 맛있는 밥을 한마디로 정의하기는 어려운 일이다. 그러나 대다수 일본인들이 맛있다고 생각하는 밥, 맛없다고 생각하는 밥은 분명 존재한다.

밥맛은 질감

밥의 끈기와 단단함은 식물체인 쌀알의 조직과 그 내용물을 이루는 분자의 물리적인 성질에 의존한다. 밥의 맛과 향은 가열 조건에 영향을 받는다.

우리는 밥알의 어느 부분에서 맛을 느끼는 것일까. 지금까지 쌀의 식미를 실험한 결과를 보면 밥맛 중 70%를 차지하는 것은 끈기와 단단함 같은 물리적인 특성, 나머지 30%를 차지하는 것은 윤기 등 겉모양과 냄새, 단맛, 감칠맛 등이라고 나왔다. 무엇보다 중요한 것이 주식은 밥이든 빵이든 물리지 않아야 한다는 점이다. 그렇기 때문에 주식은 반찬보다 맛이 약해야 하고 향기가 없어야 한다.

물론 밥을 꼭꼭 씹어 먹어보면 단맛과 감칠맛이 살짝 나긴 하지만 기본적으로는 밥에서 담백한 맛이 나고 끈기나 탄력 같은 질감이 좋아야 밥맛도 좋다는 것을 알 수 있다.

밥맛을 좌우하는 끈기에 대해서 알아보려면 먼저 쌀알 속 분자구조를 살펴보아야 한다. 현미를 정미해서 쌀겨층과 배아를 없애면 우리가 흔히 먹고 있는 배유부(胚乳部), 즉 정백미가 된다. 배유부에는 배유세포가 수많은 녹말입자를 품고 있으며 배유세포의 가장 바깥쪽에는 얇은 세포벽이 있다. 일반적으로 이 세포벽의 붕괴 정도가 작으면 밥은 거칠고 끈기가 적고, 세포벽의 붕괴 정도가 크면 밥은 부드럽고 끈기가 많다.

밥의 끈기 자체는 녹말에 의한 것이다. 녹말은 아밀로오스와 아밀로펙틴이라는 두 종류의 혼합물로 되어 있다. 아밀로오스가 포도당이 곧은 나뭇가지처럼 연결된 구조를 띤다면, 아밀로펙틴은 포도당이 잔가지가 많은 나뭇가지처럼 연결된 구조를 띤다.

일본의 주식인 멥쌀에 들어 있는 녹말은 아밀로오스 함량이 평균 16~20%이고 아밀로펙틴 함량은 80~84%이며, 아밀로오스 함량이 적고 아밀로펙틴 함량이 많을수록 쌀은 끈기가 강하다. 일본인들이 가장 좋아하는 아밀로오스 함량은 17% 안팎인데, 일본을 대표하는 벼품종 중 하나인 고시히카리에 약 15~17%의 아밀로오스가 함유되어 있다.

한편 찹쌀의 녹말은 거의 아밀로펙틴으로만 이루어져 있기 때문에 끈기가 너무 강해서 매일 밥으로 먹기에는 별로 적합하지 않다. 반대로 동남아시아 등지에서 주로 먹는 인디카쌀은 아밀로오스 함량이

30~35%나 되어서 끈기가 약하고 보슬보슬하다.

아밀로오스뿐 아니라 단백질도 밥맛을 좌우하는 중요한 요소이다. 일반적으로 단백질 함량이 낮을수록 밥맛이 좋고, 단백질 함량이 높을수록 밥맛이 떨어진다. 단백질은 쌀 성분 중에서도 품종과 환경 조건에 영향을 많이 받으며 퇴비 등으로 거름을 주면 쌀알 바깥층에 특히 많이 축적되는 것으로 알려져 있다. 바깥층에 쌓인 단백질에는 물에 녹지 않는 단백질이 많이 함유되어 있는데, 이 불용성 단백질이 수분 흡수를 방해하여 밥알의 끈기를 약화시키고 윤기도 떨어뜨린다.

이상적인 맛이 나는 주먹밥을 만들기 위해서는 쌀 조직의 구조와 쌀에 함유된 아밀로오스와 아밀로펙틴의 혼합물인 녹말, 그리고 단백질 성분을 분자 수준으로 이해하는 것이 그 첫걸음이라고 하겠다.

◉ 밥의 분자조리학 — 아궁이에 밥 짓기를 뛰어넘은 최신 전기밥솥

아궁이에 밥 짓기가 이상적인 이유

밥 짓기라는 조리조작은 분자 수준으로 보면 녹말을 알파화한다는 것과 거의 같은 말이다.

생쌀에 들어 있는 아밀로오스는 나선 구조를, 아밀로펙틴은 빽빽한 토너먼트 대진표처럼 생긴 결정성 구조를 하고 있다. 그렇기 때문에 생쌀을 익히지 않고 그냥 먹으면 소화가 안 되는 것이다. 쌀에 물을 붓고

98℃ 이상 온도에서 20분 넘게 가열하면 물이 녹말에 스며들어 녹말 조직이 느슨해지고 그 부피가 늘어나 풀처럼 된다. 이것이 알파화 혹은 호화(糊化) 현상이다. 이 알파화 과정을 거쳐야 아밀라아제 같은 효소가 녹말을 분해해서 녹말의 소화흡수율이 높아진다.

예로부터 '아궁이에 지은 밥이 맛있다'고 하는데, 일본의 가전 제조업체들이 이 맛을 재현하기 위해 제품 개발에 힘을 쏟아왔다. 이상적인 조리법이라고 여기는 아궁이에 밥 짓기는 분명 이로운 점이 많다.

우선 아궁이에 거는 가마솥은 밑바닥이 둥글기 때문에 활발한 대류현상을 일으킨다. 두께가 2~3mm 정도 되는 솥은 간직하는 열용량이 커서 일단 달구어지면 쉽게 식지 않아 밥이 빨리 된다. 솥이 쉽게 식지 않으니 솥 내부의 열이 넓게 퍼져 쌀 전체를 고루 익혀준다. 또 밥이 끓어오르면 감칠맛 성분을 함유한 증기(밥물)가 분출되는데, 이때 무거운 뚜껑이 끓어오르는 증기가 빠져나가지 못하도록 눌러주기 때문에 압력이 높아져 훨씬 차진 밥이 된다. 더욱이 아궁이에 지핀 장작불은 화력이 좋아 솥 바닥부터 측면까지 다 닿기 때문에 밥물이 보글보글 끓어올라 순환하면서 쌀알 하나하나를 고루 익혀준다.

이와 관련해서 데워진 물이 끓기 시작하면 증기 덩어리가 커져 길을 내며 쌀과 쌀 사이를 힘차게 뚫고 올라온다. 이때 누워 있던 쌀이 약간 세로로 배열되는, 쌀이 일어서는 현상이 나타난다. 그러면 쌀과 쌀 사이로 증기 덩어리가 끓어올라 쌀 표면에 큰 거품, 즉 '게구멍'을 만든다. 맛있는 밥에 밥알이 서 있거나 게구멍이 보인다면 그것은 그만큼 센 화력으로 밥을 지었음을 의미하는 것이다.

전기밥솥 진화의 역사

전기밥솥의 가마솥화(化)를 비약적으로 발전시킨 주요 기술은 IH방식, 솥의 형상과 재질, 압력 조절이다.

먼저 전기밥솥의 진화에 큰 영향을 준 것은 IH의 등장이었다. 처음에 전기밥솥은 알루미늄 재질 열판 안에 히터를 넣고 그 위에 솥을 얹는 구조였다. 그 때문에 가열 온도를 효율적으로 높일 수가 없었다. 그 뒤 1988년 마쓰시타 전기에서 출시한 IH전기밥솥은 방열이 적어 소비전력이 낮고, 솥에만 열을 가함으로써 열에너지를 물과 쌀에 효율적으로 전달할 수 있게 되었다. 현재 파나소닉은 솥 바닥과 측면뿐만 아니라 뚜껑에도 IH를 탑재해서 전면 가열이 가능한 전기밥솥을 내놓고 있다.

그리고 1994년에는 도시바가 알루미늄합금을 녹여 거푸집에 붓고 센 압력을 가해서 3~5㎜ 두께에 바닥이 둥근 가마솥 방식을 실현했다. 바닥이 둥근 솥은 기존의 평평한 솥에 비해서 함수율이 높다. 또한 솥의 재질 면에서 미쓰비시는 열전도율이 좋은 카본 소재를 사용했고, 조지루시 보온병 주식회사는 남부철기(이와테 현 모리오카 시를 중심으로 생산되는 일본 제일의 철기)를 사용했다.

한편 1992년 산요 전기는 IH전기압력밥솥을 출시했다. 압력을 가하면 밥솥의 온도가 100℃ 이상으로 상승한다. 그 뒤를 이어 각 업체는 압력이 1.5기압(112℃)인 제품도 출시하고 있다. 이 가압 방식은 화력을 높여주는 것과 같은 효과를 낸다. 그러나 이 가압효과는 현미밥을 빨리 짓는 데에는 유효하지만, 흰쌀일 경우 밥이 너무 푹 퍼져 밥맛이 떨어

질 수도 있다. 따라서 압력솥에 흰쌀밥을 지을 때에는 아주 잠깐만 고압을 가하도록 권하고 있다.

그 뒤 2006년에는 도시바가 진공 방식을 활용한 전기밥솥을 출시했다. 밥솥에 내장된 진공펌프로 쌀알 속 공기를 빼내고 그 자리에 수분을 침투시키는 방식이다. 즉 내솥 압력이 0.6기압으로 감압되면 약 15분 사이에 쌀알 속 공기가 빠져나가 수분이 침투하기 쉬워진다. 쌀알 속까지 스며든 수분은 밥이 된 뒤에도 밖으로 잘 빠져나오지 않고 밥맛을 오랫동안 유지시켜준다. 보온 시에도 감압시킴으로써 내솥의 산소 농도를 낮추어 밥의 산화를 방지할 수 있다. 기밀성 또한 좋아서 보온으로 40시간 정도 놔두어도 밥이 마르지 않고 누렇게 변하는 일 없이 밥맛이 유지된다고 한다.

가전제품 제조사는 저마다 가마솥 밥맛을 목표로 전기밥솥에 열원과 신소재 내솥, 그리고 가마솥에는 없는 압력 조절 기능까지 갖추고 '가마솥 너머'의 밥맛을 실현해가고 있다. 이런 전기밥솥의 개발 경쟁은 앞으로 어디까지 이어질까. 오늘날 밥 짓기란 조리 과정 중 물 조절, 가열, 뜸들이기 단계는 전기밥솥에 의해 안정적으로 실현할 수 있게 되었다. 거의 완성 단계에 가까워졌다고 할 수 있다. 이제 남은 과제는 쌀을 씻는 단계인 세미(洗米)의 자동화이다. 업소용 취반기 생산 공정에서 세미에 관한 연구 · 개발이 꽤 진척되고 있다. 최근에는 가정용 취반기에도 세미 기능이 딸린 기종이 나오고 있다. 맛있는 밥을 먹고 싶다는 일본인의 욕구가 사라지지 않는 한 가전업체들의 전기밥솥 개발은 끝나지 않을 것이다.

◐ 분자조리법에 의한 슈퍼주먹밥의 가능성

쌀알 하나하나가 성분이 다르다

니가타 현 우오누마 지역에서 생산되는 고시히카리가 명품쌀로 유명한 것은 같은 품종이라고 해도 산지가 다르면 맛에 차이가 나기 때문이다. 이처럼 산지에 따라서 쌀이 다 다르다는 사실을 아는 사람들은 많지만, 같은 토양에서 자라고 같은 벼이삭에 열린 쌀알이라고 해도 그 성분 하나하나가 꽤 다르다는 사실을 아는 사람은 그리 많지 않을 것이다.

같은 벼에서 자란 쌀알 하나하나를 살펴보면 단백질 함량이 벼 위쪽에 달린 것일수록 많고 뿌리 쪽에 달린 것일수록 적어지는데, 그 변동폭이 8~15%로 큰 편이다. 또한 아밀로오스 함량이나 미네랄 성분의 분포가 쌀알마다 다 다르기 때문에 한 톨 한 톨의 점성과 탄성도 달라지는 것으로 나타났다. 즉 쌀알마다 맛과 씹는 느낌이 다르다는 것이다.

이처럼 쌀알마다 성분이 달라지는 것은 벼이삭이 나오는 순서와 대응한다. 순서를 달리해 나온다는 것은 생물이 엄혹한 자연계에서 살아남기 위해서 어떤 것은 먼저 익고 어떤 것은 나중에 익음으로써 전멸할 위험을 줄이는 전략이라고 볼 수 있다. 따라서 우리가 먹는 한 그릇의 밥은 밥알마다 맛이 서로 다른 집단이고 우리는 단지 그 평균치로 맛을 판단하고 있는 셈이다.

고르지 않은 맛

만약 성질이 제각기 다른 쌀알들을 모두 가려 같은 것들로만 가지고 밥을 지을 수 있다면 그 밥은 과연 어떤 맛이 날까. 성질이 균일한 밥맛이 더 좋을까, 아니면 그 반대일까.

식감에 차이가 없어짐으로써 정제되고 균일한 맛을 지닌 밥이 될 수도 있는 한편, 밋밋하고 심심해서 맛의 재미가 느껴지지 않는 밥이 될 수도 있다. 어쩌면 밥알 하나하나가 다른 성질을 띤 모자이크 집단이기 때문에 우리는 매일 밥을 먹어도 물리지 않는 것 같다.

날마다 똑같은 것을 먹다 보면 결국 질리고 만다. 그렇기 때문에 우리는 같은 고기나 생선 식재료라고 해도 때로는 구이로, 때로는 조림으로, 때로는 찜으로 조리하여 풍미나 식감에 다양한 변화를 주는 것이다. 예컨대 아이스크림에 첨가한 견과류나 쿠키, 또는 젤리나 요구르트에 들어간 과일 등은 음식 전체에 색다른 식감을 내주고 자칫 단조로운 식감 때문에 물릴지도 모를 가능성을 막아준다.

캠핑할 때 코펠에 밥을 짓고 나서 바닥에 눌어붙은 누룽지도 밥 전체 중 악센트처럼 밥맛을 한층 돋우어준다. 밥이 전부 누룽지가 되었다면 그것은 그것대로 아쉬운 일이다. 우리가 한입 한입 씹을 때마다 느껴지는 식감이 고르지 않다는 것이 오히려 억양을 지닌 밥맛을 만들어내고 있는지도 모른다.

틈새를 고려한 주먹밥

주먹밥의 맛을 표현하는 키워드 중 하나는 폭신폭신한 느낌, 즉 밥알 사이사이에 배어 있는 공기 때문에 생긴 느낌일 것이다. 주먹밥은 살살 뭉쳐서 입안에 넣으면 가볍게 부서지면서도 먹기 전에는 모양이 흐트러지지 않고 유지되도록 해야 한다. 즉 밥알 틈새에도 맛이 숨어 있다고 생각하고 주먹밥을 뭉치는 것이 중요하다.

주먹밥과 마찬가지로 공기를 많이 함유한 아이스크림에는 공기가 아이스크림 재료의 양과 비슷하거나 혹은 더 많이 함유되어 있는데, 이 공기는 아이스크림이 입안에서 살살 녹는 느낌과 깊은 연관이 있다. 또한 빵 속의 효모가 발효하면서 생성되는 이산화탄소에 의한 '크레이터'도 틈새이고 머랭과자인 마카롱 속의 미세한 거품도 맛을 내는 데 중요한 역할을 담당한다. 말하자면 우리는 음식의 형태를 이루는 부분과 함께 그 속에 숨어 있는 공기도 맛보고 있다고 할 수 있다.

이상적인 주먹밥은 밥알 하나하나의 성질과 그 틈새, 즉 밥알 상하좌우의 입체적인 배치와 그 사이를 채우고 있는 공기의 균형을 고려한 최선의 상태를 어떤 방법에 의해 구현한 것인지도 모른다. 물론 아무리 섬세한 손길로 뭉친 주먹밥이라고 해도 사랑하는 사람이 만들어준 주먹밥에는 당연히 못 미치겠지만 그것은 또 다른 이야기이다.

칼럼 ⑭ 3D푸드프린터 이슈2, 개별화된 음식을 출력하다

한 사람 한 사람의 얼굴이 다르듯이 사람마다 유전자가 다 다른데, 이 차이를 유전자다형이라고 한다. 이 유전자다형 때문에 누구는 특별한 질병에 걸리기 쉽고, 누구는 알레르기 체질이고, 누구는 약을 먹으면 약이 잘 듣는다. 이것은 약뿐만 아니라 음식도 마찬가지여서 식품 성분의 소화, 흡수, 대사, 이용 등에 개인차가 따르는 것으로 알려져 있다. 예를 들어 체질적으로 술을 잘 마시느냐 못 마시느냐 하는 것은 단 하나의 유전자(1염기) 차이에 의한 것이다.

개인의 체형이나 취향에 맞게 양복을 만들듯이 앞으로 개인의 체질이나 유전자다형에 부합하는 맞춤화는 의료와 영양 지도 분야에서도 점차 중요해지리라고 생각된다. 개개인에게 맞는 식이요법을 개별적으로 지도하는 맞춤화도 가능하겠지만 그대로 만들어 먹을 수 없는 상황이 있을 수도 있기에 개인에게 특화된 맞춤 식품이 있다면 이상적이다. 이 맞춤 식품의 개발 분야에 3D푸드프린터를 활용하면 새로운 돌파구를 찾을 수 있을 듯하다. 맞춤 식품의 개발 가능성에 대해서 구체적인 예를 들어 살펴보자.

베타3아드레날린수용체는 대표적인 비만 관련 유전자 중 하나로 알려져 있다. 일본인 세 명 가운데 한 명이 이 살찌기 쉬운 변이형 유전자를 갖고 있다. 따라서 우리가 생각해볼 수 있는 것은 이러한 비만유전자가 있는 사람에게 3D푸드프린터를 사용해서 지방을 억제한 살이 잘 찌지 않는 음식을 제공해주는 것이다. 고혈압이 있는 사람에게는 저염식을, 식품 알레르기가 있는 사람에게는 알레르겐을 제외한 음식을 각각 '프린트아웃' 해줄 수 있다. 또 유전자다형이나 체질이 아니라 종교나 신념 때문에 고기를 먹지 않는 사람에게는 육류를 대체한 식재료로 맞춤 음식을 제공하는 것은 세계사적 관점에서 보자면 장래성 있는 방법이라고 할 수 있다.

특정 질병과 연관이 있는 유전자와 그 병을 예방하는 식품 성분에 관한 수많은 정보의 조합이 빅데이터로 축적되면, 앞으로 개인의 체질에 가장 잘 부합하는 기능성 맞춤 식품이 3D푸드프린터를 통해서 개발될 수 있을 것이다. 예를 들어 언뜻 보기에는 여느 피자나 다름없지만 아버지를 위해서는 심장병의 위험성을 줄여주는 '오메가-3계 지방산 강화 피자'를, 어머니를 위해서는 노화 방지 · 미용 효과가 있는 '항산화물질 강화 피자'를 각각 3D푸드프린터로 만들 수 있을지도 모른다.

또한 우리 인간은 영유아기, 성장기, 성년기, 노년기 등 인생의 시기에 따라서 섭취해야 할 영양소가 달라진다. 특히 여성의 경우에는 임신 · 수유기 때 섭취해야 할 영양소가 따로 있다. 다양한 세대를 고객으로 맞이하는 패밀리 레스토랑에서는 요리가 그냥 보면 다 같은 요리처럼 보여도 사람이 꼭 섭취해야 할 영양분을 개인에게 맞게끔 3D푸드프린터로 바꾸어 만든 맞춤 메뉴를 제공하게 될지도 모른다. 3D푸드프린터는 형상과 물성도 제어가 가능하므로 영유아나 치아가 약해진 노인에게는 식감이 부드러운 반찬을 출력해줄 것이다.

3D푸드프린터에 개인의 연령, 성별, 유전 정보, 질병 유무, 운동 유무, 그날 몸 상태 등 같은 개인 데이터와 먹고 싶은 음식(라면, 초밥 등)과 취향(풍미나 식감 등)을 3D푸드 데이터에 입력하기만 하면 개인의 영양과 기호를 완벽하게 반영한 최상의 맞춤 식품이 출력되어 나오는, 그런 미래가 머릿속에 그려진다.

미래인도 현대인과 비슷하거나 어쩌면 더 조급한 성격일지도 모르니 컵라면을 기다리는 동안에 3D푸드프린터로 음식이 제공된다면 이상적일 것이다. 기술적으로 어디까지 실용화가 이루어질지는 알 수 없으나 살아있는 동안에 그 일부라도 볼 수 있기를 기대한다.

3 오믈렛과 분자요리

요리는 달걀로 시작해서 달걀로 끝난다

요리의 출발점으로서 달걀요리

달걀을 흔히 완전식품 또는 지상 최대의 영양식품으로 일컫는다. 달걀은 본디 병아리가 부화되기 위한 생명의 캡슐인 만큼 영양분이 가득 찬 경이로운 식재료인 것도 수긍할 만하다. 사람들이 영양가가 높은 식품을 맛있다고 하는 것은 영양학적으로 보자면 당연한지라 달걀이 각종 요리에 이용되는 것 또한 자명한 일이라 하겠다.

요리는 달걀로 시작해서 달걀로 끝난다고 하는 말이 있다. 아이가 처음 만들어보는 대표적인 요리 가운데 하나가 달걀프라이이거나 달걀말이이니만큼 달걀요리는 요리의 세계를 향한 출발점인 셈이다. 그런데 아무리 초밥 음식점의 요리장이라고 해도 모양도 예쁘고 맛도 좋은 달걀말이를 한결같이 만들어내기란 결코 쉬운 일이 아니다. 프랑스 음식점의 셰프 또한 오믈렛을 보기 좋게 구우려면 나름의 수련이 필요하다.

단순한 요리일수록 눈속임이 통하지 않기에 요리사의 솜씨는 시험대에 오르기 마련이다. 그 대표적인 요리가 달걀요리일 것이다.

달걀의 매력이란

달걀은 육류나 어류에 비하면 식탁에서 주요리가 되기는 어렵지만 각종 요리에 폭넓게 들어가는 식재료이다. 특히 과자를 만들 때 달걀을 넣지 않으면 만들 수 있는 것이 별로 없을 정도이다. 왜 그럴까.

가장 큰 이유는 조리상 매우 뛰어난 달걀의 특성 때문이다. 달걀은 열에 의해 단단해지고, 거품으로 낼 수도 있고, 기름과 물이 섞이게 할 수도 있다. 이런 다기능성은 달걀프라이와 달걀말이는 물론이거니와 스크램블드에그, 케이크, 마카롱, 마시멜로우 등에 이르기까지 다채로운 달걀요리를 탄생시키는 원동력이 된다. 게다가 달걀은 앙글레즈크림 같은 소스류와, 햄, 어묵, 면 등 다양한 요리에 '결착제'로도 널리 쓰인다.

내가 생각하기에 달걀요리가 다채로운 이유는 달걀 자체가 지나치게 맛있는 것은 아니란 점이다. 맛의 정미 성분인 글루타민산이나 이노신산은 어느 정도 되는 양이 요리에 들어 있지 않으면 감칠맛이 느껴

지지 않는다. 감칠맛을 느낄 수 있느냐 없느냐의 경계값을 역치라고 하며 이를테면 장대높이뛰기에서 장대 같은 것이다. 노른자와 흰자에 들어 있는 유리글루타민산과 이노신산을 분석하면 글루타민산은 노른자에서는 역치를 넘지만 흰자에서는 노른자의 10분의 1보다도 적고, 이노신산은 노른자와 흰자 둘 다 역치를 훨씬 밑도는 것으로 나타난다. 즉 그 자체만으로 감칠맛 성분이 역치를 넘는 육류나 어류와 달리 달걀은 감칠맛 성분이 전혀 없는 것은 아니지만 달걀 자체만으로는 맛이 우러나는 정도는 안 된다는 것이다. 그렇기 때문에 달걀말이를 할 때에는 맛국물을 넣고 날달걀비빔밥에는 발효에 의해 감칠맛이 함유된 간장 등을 넣고 싶은 것이다.

이렇듯 달걀은 다른 식재료와 조합하면 감칠맛이 충분히 보강되고 본디 달걀에 숨은 본연의 맛도 증가되어 그 맛이 한층 더 깊어지는 것이다. 달걀이 여러 가지 요리에 이용되는 것은 요리 속에서 지나치게 자기주장을 하지 않고 다른 식재료와 잘 어울리기 때문이다. 달걀비빔밥의 종류가 다양한 것도 그 때문일 것이다.

◐달걀의 분자조리학 — 달걀이 멀티플레이어인 이유

달걀요리를 담당하는 단백질

달걀은 성질이 전혀 다른 노른자와 흰자가 뒤섞이지 않고 공존하는 기적의 식재료이다. 그 노른자와 흰자를 따로 나누거나 나누지 않고 그대로 깨뜨려 여러 가지 요리에 사용할 수 있다.

해외에서는 그다지 선호하지 않는, 일본 특유의 날달걀비빔밥 같은 날달걀요리를 비롯해서 삶은 달걀처럼 흰자와 노른자를 따로 한 요리, 달걀말이처럼 흰자와 노른자를 섞은 요리, 흰자로만 거품 낸 머랭과자, 혹은 노른자만 넣은 커스터드 등 흰자와 노른자를 어떻게 조합하느냐에 따라서 달걀은 무척 다양한 요리에 응용할 수 있다.

달걀의 성질은 온도와 교반 같은 조작, 그리고 조리도구의 재질이나 열원이 무엇이냐에 따라서 크게 변한다. 게다가 달걀의 성분도 산란 직후부터 시시각각 끊임없이 변해간다. 달걀의 3대 조리 특성인 열응고성, 기포성, 유화성은 달걀에 함유된 성분 변화, 특히 단백질의 구조 변화가 크게 관여하고 있다.

가열하면 응고된다

달걀은 물리적인 요인 중에서도 특히 열에 의해서 극적으로 변한다. 껍질이 온전한 상태의 달걀이라면 날달걀, 온천달걀(노른자는 응고되고 흰자는 응고되지 않은 반숙달걀), 반숙한 달걀, 완숙한 달걀 등을 떠올려보면 쉽게 알 수 있다. 가열에 의해서 흰자와 노른자가 응고되는 것은 단백질이 열에 의해서 변성하기 때문이다.

달걀흰자는 가열에 의해서 변성하면 겔화와 응집 현상이 일어난다. 겔화란 제3장에서 살펴보았듯이 단백질분자가 공 모양의 분자구조를 유지하면서 부분적으로 느슨하게 모여서 3차원 그물모양구조를 형성하고, 그 안에 '물이 고정되는' 상태를 가리킨다. 응집은 단백질분자가

'물을 배출하면서' 단단하게 결합하고 있는 상태를 말한다.

달걀흰자에는 여러 단백질이 혼재한다. 달걀의 단백질 이름에는 '달걀의'라는 뜻의 접두어인 '오보(ovo)'가 붙는 것이 많으며 이들이 열에 의해 변성하는 온도는 제각기 다르다. 오보알부민(난백단백질 전체 중 54% 차지)은 78℃, 오보트랜스페린(12%)은 61℃, 오보무코이드(11%)는 77℃에서 굳는다. 흰자의 겔화에 크게 영향을 미치는 것은 난백단백질 중 절반을 넘게 차지하는 오보알부민이다.

흰자의 겔화는 60℃ 안팎에서 열 변성 온도가 낮은 오보트랜스페린이 먼저 응고되면서 시작한다. 이때는 끈적끈적한 정도이고 곧바로 응고하지는 않는다. 70℃에서는 뿌옇게 흐려지고 형태가 흐트러지면서 온천달걀의 흰자 상태가 된다. 80℃ 이상으로 가열하면 비로소 난백단백질이 열 변성되어 유동성이 사라지고 이때 흰자는 완숙 달걀 상태가 된다.

한편 노른자의 열에 의한 겔화는 저밀도 리포단백질(LDL)이 크게 관여한다. 노른자는 65℃ 안팎에서 응고하기 시작해서 유동성을 잃어버리지만, 70℃에서는 흰자와 다르게 형태를 유지하며 끈적끈적한 온천달걀의 상태로 굳어진다. 그리고 85℃ 이상에서는 껍질째 그대로 가열하면 노른자 전체가 가루 모양으로 응고한다.

이처럼 흰자와 노른자의 열에 대한 반응이 저마다 크게 다른 점 때문에 달걀요리의 식감을 한층 다양하게 낼 수 있다고 본다.

거품을 내면 공기를 머금는다

난백단백질은 열뿐만 아니라 '휘젓기'라는 물리적인 자극을 받아도 변성이 일어나고 거품이 인다. 난백단백질의 종류마다 열응고성이 다르듯 기포성도 다르다. 기포성이 큰 단백질은 오보트랜스페린으로 알려져 있으며 난백단백질의 주된 단백질인 오보알부민은 기포력이 그다지 크지 않다.

난백단백질은 대부분 수용성이어서 원상태의 단백질분자는 소수성 영역을 안쪽, 친수성 영역을 바깥쪽이 되게 해서 조그맣게 접혀 있다. 달걀흰자를 거품내기 위해 휘저으면 단백질의 소수성 영역이 바깥쪽으로 노출되어 공기를 에워쌈으로써 거품이 형성된다. 계속 저으면 거품이 작아지면서 단백질의 고체막으로 견실하게 둘러싸여 안정된 거품이 된다. 그러나 흰자를 지나치게 휘저으면 단백질 간 결합력이 너무 강해져 단백질 사이에 있던 물을 짜내버리고, 그 결과 거품의 안정성이 저하된다. 흰자를 지나치게 머랭치면 이수 현상이 나타나는 것은 이 때문이다.

프랑스에서는 예로부터 달걀을 거품 낼 때 구리 볼을 썼다. 구리 볼에 만든 머랭이 스테인리스 볼에 만든 것보다 더 윤기가 난다는 것을 경험적으로 알게 된 것이다. 그 메커니즘을 조사해보니, 구리 볼에서 새어 나오는 구리 성분이 난백단백질과 결합해서 거품의 안정성을 향상시키는 것으로 밝혀졌다.

물과 기름의 중계역이 된다

달걀흰자와 노른자가 모두 유화성을 지니고 있지만 유화 안정성은 노른자가 흰자보다 훨씬 뛰어나다. 노른자는 물속에 기름이 분산된 이른바 수중유적형(oil-in-water type) 유화제로, 지금까지 노른자의 유화성에 관여하는 주요 성분은 레시틴으로 여겨졌다. 그러나 현재에는 레시틴을 포함한 LDL이라는 주장이 힘을 얻고 있다.

노른자의 유화성을 이용한 대표적인 음식이 마요네즈이다. 특히 일본의 마요네즈는 세계적으로도 아주 맛있기로 이름이 나 있다. 일본의 마요네즈를 만들고 있는 회사 관계자에 따르면 마요네즈는 갓 나온 제품보다는 어느 정도 시간이 경과한 제품이 단연 맛있다고 한다. 아마도 시간이 지남에 따라 달걀의 단백질이 분해되어 감칠맛을 지닌 아미노산이 증가하기 때문인 듯하다.

오믈렛 과학

대부분 달걀의 열응고성, 기포성, 유화성이라는 특성은 달걀요리의 기본 원리에 크든 작든 관여하고 있다. 달걀요리의 대표 격인 오믈렛도 물론 그렇다.

플레인오믈렛의 기본 조리법을 살펴보면 먼저 달걀을 깨뜨려서 흰자와 노른자를 약간 거품이 날 만큼만 저어준 다음 소금과 후추로 양념을 낸다. 달군 프라이팬에 버터를 녹이고 버터의 색이 나기 시작하면 달걀 푼 것을 넣는다. 가열된 버터 향과 가열에 의해서 생기는 향기 성분은 오믈렛의 맛에 없어서는 안 될 존재이다. 또 버터는 달걀에 감칠맛을 더해주고 윤기와 부드러운 맛을 내는 데에도 필수적이다.

맨 처음에는 약한 불에서 프라이팬을 이리저리 기울이며 달걀이 고루 퍼지게 반숙한다. 그 뒤에는 프라이팬 한쪽으로 모아서 부분적인 열변성으로 부드러운 겔 상태로 만들고, 겔이 결착되도록 한 덩어리로 정리한다. 그리고 센 불에서 몇십 초 만에 재빨리 익혀낸다. 따라서 가열조리하는 동안 잠시라도 망설이면 안 된다. 달걀이 온도에 매우 민감한 재료인 데다 가열 온도나 시간의 미묘한 차이에 따라서 식감뿐 아니라 풍미까지 변해버리기 때문이다. 노릇노릇 살짝만 익혀 식욕을 자극하는 겉과 흐물흐물한 반숙 상태인 속은 달걀의 열응고성과 유화성에 의해 가능한 조리이다.

한편 미리 달걀의 휘젓기 횟수를 많이 해서 푹신푹신한 느낌이 훨씬 더 나게 한 오믈렛도 인기가 있다. 물론 이것에 관여한 특성은 달걀흰자의 기포성이다. 또 달걀 푼 물에 탄산수를 소량 첨가하여 달걀물 속에 탄산이 섞여 거품이 많아지게 함으로써 간단하게 맛을 내는 방법도 있다. 오믈렛을 더욱 부드럽고 폭신폭신한 맛이 나게 하기 위한 연구와 노력은 쉴틈이 없다.

◐분자조리법에 의한 슈퍼오믈렛의 가능성

슈퍼오믈렛의 설계도

좋은 오믈렛의 세 가지 조건이라고 하면 오벌쿠션이라고 일컫는 부드럽게 부풀어 오른 '방추 모양'과 표면의 얇게 '노릇노릇 익힌 표면', 그리고 오믈렛을 잘라도 속에서 달걀이 흘러나오지 않는 절묘한 '반숙 상태'이다.

오믈렛이 방추형인 것은 그것을 익히는 프라이팬의 형태가 둥글기 때문이다. 반숙 상태의 달걀을 부드럽게 부풀리며 한데 모으고 프라이팬 가장자리의 둥근 부분에 기울여서 모양을 잡아나가면 필연적으로 그와 같은 형태가 된다.

지금까지 나온 오믈렛을 뛰어넘은 슈퍼오믈렛을 생각해보자면 방추형이 아닌 다른 형태로 만들 가능성을 모색하고 싶다. 달걀과 버터가 잘 어우러져 윤기가 흐르고 고운 황금색으로 노릇노릇 익은 겉과 저절로 행복해지는 향기의 존재는 필요 불가결하다. 문제는 속의 반숙 상태를 어떻게 조절하느냐 하는 것이다.

달걀을 구성하는 단백질은 응고되는 온도가 제각각 달라서 반숙 상태로 익히면 굳어서 겔화한 단백질과 액상 단백질이 함께 섞여 있는데, 오믈렛을 자르면 이 액상 단백질이 밖으로 흘러나온다. 즉 분자 수준에서 보자면 반드시 단백질분자 사이의 고르지 못한 가열 상태가 생기는 것이다. 이들 과제를 분자조리법으로 극복한, 상상 속의 슈퍼오믈렛의 가능성을 한번 고찰해보려고 한다.

달걀 성분을 분해 · 합성한다

오믈렛의 반숙 상태를 자유자재로 구사하면서도 기존 오믈렛보다 흐물흐물한 느낌을 더 낼 수 있다면 이상적인 오믈렛이 될 것이다. 엘부이의 페란 아드리아가 시작한 탈구축이라고 하는, 식재료의 분해와 합성의 개념을 슈퍼오믈렛 만들기에 반영시켜보자.

열응고성과 기포성, 유화성 등을 알아보는 실험을 할 때 달걀흰자와 노른자를 구성하는 성분을 각각 단리(單離. 혼합물에서 하나의 원소나 물질을 순수한 형태로 분리하는 일)하여 각 성분의 기능을 조사 · 연구하는 사례가 있다는 것은 앞에서 이미 서술한 바 있다. 그렇다면 그와 같은 방법으로 달걀을 분리한 다음 각 성분의 비율을 변화시켜 재구성한 오믈렛을 만드는 것은 어떨까. 사람이 가장 맛있게 느끼는 오믈렛의 분자 조성을 검증하자는 구축형 접근 방식이다. 이렇게 하면 겔화, 기포성, 유화성 등이 이상형에 가장 부합하는 값이 되는 조건을 실험으로 알 수 있을 것이다.

식품 성분을 분리하는 조작은 식품 첨가물을 섞는 것보다 훨씬 어렵고 비용이 많이 들기 마련이다. 그러나 식품산업계에서 다양한 분리 기술을 개발하고 있다. 예를 들어 노른자 성분은 초원심분리기를 사용하면 비교적 수월하게 위에 뜬 플라즈마와 아래에 가라앉은 과립이라고 하는, 성질이 다른 성분으로 나눌 수 있다. 플라즈마에는 지질이 약 41%, 단백질이 약 9%로 지질이 더 많이 들어 있는 것과 달리 과립에는 지질이 약 19%, 단백질이 약 34%로 단백질이 더 많이 들어 있다. 따라서 오직 원상태의 달걀 성분만을 이용해서 그 비율을 바꾼다는 제한

이 있다고 해도 달걀을 저어 거품을 내거나 달걀의 유화성을 변화시킨다면 아마도 오믈렛의 형태를 자유롭게 바꾸어볼 수 있을 것이다. 과학실험과 마찬가지로 시행착오를 겪고 나면 아무도 본 적이 없는 플레인 오믈렛이 탄생할지도 모른다.

'무중력조리법'이 오믈렛의 개념을 바꾼다

뜬금없는 소리지만 우주를 향한 인류의 꿈은 끝이 없다. 현재 큰 기대를 모으고 있는 우주 분야라고 하면 역시 화성유인탐사계획일 것이다. 화성으로 유인탐사를 다녀오려면 기간이 최소한 2, 3년은 걸린다고 한다. 그렇게 되면 지금까지 나온 우주식량으로는 불충분하다. 오랜 무중력 상태에서는 뼈와 근육이 손실될 우려가 있고 폐쇄된 공간에서는 심한 스트레스가 발생한다. 이런 환경 조건을 견디게 해주면서도 맛과 영양이 충분한 우주식을 물리지 않고 계속 먹기 위해서는 우주비행사가 요리하는 것이 중요해질 것이다.

무중력 상태에서 오믈렛을 만든다고 하면 어떻게 될까. 무중력 공간에 물을 뿌리면, 물은 표면장력에 의해서 표면적을 작게 하려고 하기 때문에 완전한 구(球)가 된다. 액체인 달걀도 껍질을 깨뜨려 무중력 상태에 놓이면 완전한 공 모양이 될 것이다.

게다가 우주공간에서는 물과 기름이 분리되지 않는다. 1973년에 미국 최초의 우주정거장인 '스카이랩(skylab)'에서 드레싱을 흔들어 물과 기름이 섞이게 한 뒤 어떻게 변화하는지 실험 · 관찰한 적이 있었는데, 땅에서는 10초 정도면 분리되던 물과 기름이 우주에서는 10시간이 지나도 전혀 분리되지 않았다. 물과 기름도 모두 고운 입자가 된 채 고르게 분산되기 때문에 달걀흰자와 노른자의 성분도 지상에서는 불가능했던 상태로 뒤섞일 것이다. 우주공간에서 완전히 섞여 완전히 둥글게 된 달걀을 어떤 방법으로든 구석구석 가열할 수 있다면 유화 상태가 이만저만이 아닌, 아무도 본 적이 없는 흐물흐물한 오믈렛이 만들어지지 않을까 싶다.

물론 오믈렛을 땅으로 갖고 내려오면 중력에 의해서 허물어져버릴 테니 무중력 공간에 한정된 요리가 될 것이다. 이 '스페이스오믈렛'이 우주 레스토랑의 향토 음식이 될지도 모른다. 머지않아 우주비행사의 훈련 항목 중 우주 '요리교실'이 필수과목으로 선정될 수도 있지 않을까?

칼럼 ⑮ 3D푸드프린터 이슈3, 식재료를 인쇄할 때 나타나는 조리의 의의

여러 대학과 연구소에서는 현재 3D프린터를 사용해서 사람의 장기나 생물 조직을 만들고자 시도하고 있다. 이러한 기술과 iPS세포 같은 간세포 연구가 진전되면 미래에는 그 환자에 맞게 거부반응이 일어나지 않는 인공장기가 등장하게 될 것이다.

생체 조직을 만들 수 있다면 식재료가 되는 식물이나 동물의 조직도 3D푸드프린터를 통해 만드는 것이 기술적으로 가능할 것이다. '칼럼 13'에 서술한 인공배양육 연구처럼 3D푸드프린터의 생산성 효율에 관해서도 진지하게 검토하고 있다. 비용 문제를 포함해서 많은 과제가 가로놓여 있지만 3D푸드프린터는 조리뿐 아니라 그 전 단계인 식료품 생산 분야도 뒤바꾸어놓을 가능성이 있다. 이것이 실현된다면 식품산업 구조는 큰 변화를 가져올 것이다.

'3D푸드프린터로 만든 요리? 그런 걸 먹을 수 있겠나!'

'기계가 요리를 만들다니, 듣기만 해도 어쩐지 그다지 맛이 없을 것 같다.'

이제까지 나온 전통적인 조리법, 전통적인 요리에 익숙한 사람이라면 누구나 그렇게 생각할 것이다. 아무리 조리 과정이 발달했다 해도 어머니가 정성을 담아 만든 요리와 견줄 만한 것은 아무것도 없다. 그러나 이미 일부 가정에서는 슈퍼마켓이나 편의점에서 사온 반찬, 컵라면 같은 가공식품을 '일상 음식'으로 먹고 있다. 태어날 때부터 3D푸드프린터로 만든 요리를 먹고살았다면 아무런 의심도 없이 그것이 가정의 맛이 될 것이다. 과거의 상식이 오늘의 비상식이 되듯이 오늘의 비상식은 미래의 상식이 될지도 모른다.

1973년 〈소일렌트 그린〉이라는 SF영화가 개봉된 적이 있었는데, 인구증가 때문에 식량부족에 시달리던 사람들이 인간을 원료로 합성 식품을 만든다는 이야기로 2022년 미래 세계를 그린 영화이다. 물론 이 영화와 직접 관련은 없지만 미국의 소일렌트가 사람에게 필요한 영양소를 배합한 분말 식품 '소일렌트'를 개발했다. 이것은 유백색 셰이크처럼 물에 타서 먹는 것으로, 식사 · 조리 시간을 단축시키고 생산비와 운송비를 절감시키는 효과도 있으며 식량문제 해결과 결부되리라고 기대해본다. 그러나 한편으로는 이것이 턱의 저작 기능과 소화기관의 기능을 저하시키고 먹는 즐거움을 앗아가지 않을까 염려도 된다.

현대인은 미식 정보에 이상하리만치 크게 관심을 보이는 사람과 전혀 관심을 보이지 않는 사람 양극단으로 나뉘어가고 있는 듯하다. 소일렌트는 먹는 것을 귀찮아하는 사람에게 간편하게 영양을 섭취할 수 있게 해주는 이상적인 식품일 수도 있다. 이러한 음식의 양극화 현상은 음식의 제공 형태가 다양해지고 스스로 조리하지 않아도 음식을 손에 넣을 수 있는 시대적 추세에서 비롯되었을 것이다. 온갖 돈과 화려함을 자랑하는 요리부터 편의점에서 살 수 있는 간편 식품까지 다양한 음식의 선택지가 우리 눈앞에 놓여 있다. 현대가 정보 홍수의 시대라는 점이, 뇌에 수많은 정보를 저장하고 처리하는 사람과 필요한 정보만으로 추려 간소화하는 사람이라는 양극화로 나아가는 데 영향을 미치고 있는지도 모른다.

사람이 살아가는 동안 생명 활동을 지속하기 위해서는 당연히 무언가를 먹지 않으면 안 된다. 그러나 반드시 스스로 요리를 해야 할 필요는 없으며 다른 사람에게 맡기거나 3D푸드프린터라도 상관없다고 생각하는 사람이 앞으로 분명 증가할 것이다. 사람이 손을 써서 요리를 하는 것 자체가 일종의 취미가 되고 있는 현대에 스스로 요리를 한다는 것의 의의, 조리의 의의란 과연 무엇일까.

분자생물학에는 유전자 '녹아웃'이라는 실험기술이 있다. 쥐 같은 실험동물의 유전자를 파괴해서 무효화하는 것이다. 어떤 생체가 갖춘 유전자 기능을 조사할 때 유전자의 작용을 증가시키는 것보다 유전자를 파괴해버리면 실험 결과는 훨씬 명쾌해진다. 유전자를 '덧셈'이 아니라 '뺄셈'으로 검사한다는 원리에서 나온 실험이다. 원래 지니고 있는 유전자는 몸 안에서 당연히 작용하고 있기에 보통 그 기능을 인식할 수 없다. 이와 마찬가지로 인류가 이제껏 당연하게 여겨온 조리의 의의나 중요성도 오늘을 사는 우리에게는 잘 보이지 않는 것이다.

3D푸드프린터에 의해서 식품이 자동으로 조형되고 사람 손에 의한 조리라는 행위가 사회로부터 녹아웃되고 나면 그동안 조리에 부여했던 사회적 · 문화적 의의는 지금보다 더 사실적으로 드러날 것이다. 과학은 모르는 조리의 중요성이 3D푸드프린터와 같이 사람의 손을 거치지 않는 조리를 통해 더욱 선명하게 부각될지도 모른다.

맺음말

2011년 3월11일에 발생한 동일본 대지진 직후 내가 사는 센다이 시 하늘에서는 여러 대의 헬리콥터 폭음이 쏟아지고 땅에서는 끊임없이 구급차 사이렌이 울려 퍼졌다.

지진 피해에 관한 소식이 시시각각 들어오고 도호쿠 연안 지역이 지진해일로 괴멸되다시피 했으며, 내 고향인 후쿠시마에 있는 핵발전소가 위험한 상태에 있다는 사실을 알게 되자 평소 폭풍 식욕을 자랑하던 나는 입맛이 뚝 떨어졌다. 그러나 먹어두지 않으면 내 스스로 못 버틸 상황이 되리란 걸 불 보듯 훤했기에 무작정 입안으로 음식을 구겨 넣었다.

그런 와중에도 터진 수도관에서 길어 온 물을 아웃도어용 작은 포트에 붓고 캡슐 풍로로 데우고 떡과 파스타를 먹으니 당면수프에 들어 있는 조미료의 감칠맛 성분인 글루타민산 덕분에 격앙된 감정이 차츰 진정되었다. 거기에는 따뜻하게 먹어야 할 것은 필사적으로 1℃라도 더 데우려 하고 감칠맛 성분은 1㎍이라도 더 우리려 하던 나 자신이 있었다.

대지진 후에는 맛있는 음식을 간절하게 바랐다. 그것은 결코 특별한 것이 아니라 평소 먹던 익숙하고 평범한 아침, '따뜻한 밥과 된장국에 생선구이를 식탁에서 편안하게 먹고 싶다'는 마음뿐이었다. 맛있는 음식으로 그날의 피로를 풀고 내일을 향한 희망과 열심히 뛰겠다는 다짐을 일으켜 세우고 싶었다. 맛있는 요리는 기분을 가라앉히는 데 필수 '아이템'이다. 미래를 향한 희망을 만들어내는 에너지원이다.

나는 분자 수준의 식품학과 영양학을 전공으로 하면서 취미 삼아 분자요리의 가스트로노미(미식학)를 계속 연구해왔다. 취미 삼았다는 것은 미식이 식도락가를 연상시켜서 일종의 사치나 부자의 식도락 같은 이른바 심리적 부담을 느끼고 있었기 때문이다. 그러나 대지진 후 맛있는 식사, 맛있는 요리를 연구하는 것은 결코 사치나 도락이 아니라 인간이 인간답게 살아가는 데 있어 지극히 소중한 일임을 몸소 깨달았다. 그런 점에서 나에게 가스트로노미란 말의 의미는 3.11 전과 후로 바뀌었다고 할 수 있다.

또 도쿄전력 후쿠시마 제1원전 사고 때문에 과학자의 사회적 책임이 제기되었다. 대지진 때 나는 음식 연구원이면서도 그동안 진행한 연구로는 세상에 아무런 도움이 되지 못했다. 재해가 일어나고 나서야 심신이 허약한 사람과 노인, 미래를 짊어진 어린이들에게 어떤 맛있는 요리와 질리지 않는 음식을 마련해주면 좋을까를 연구해야겠다고 절감했다.

21세기 요리는 앞으로 어떻게 발전하고 여기서 더 나아가 다가올 미래인 22세기 요리는 어떤 요리가 될까. 상상만 해도 가슴이 뛴다. 요리에 대해 설레는 느낌은 미래를 더 명확하게 그려볼 수 있는 만큼 지금이 예전보다, 어린 시절보다 훨씬 더 커진 것 같다.

분자 수준에서 맛있는 요리의 비밀을 파헤치고 더 맛있는 요리를 개발하는 분자조리를 연구하며 '1마이크로라도 맛있는 것'을 한 사람이라도 더 많은 사람에게 전해주고 싶은 마음이 간절하다. 분자조리에 관심을 갖고 뛰어드는 사람이 더 많아진다면 좋겠다.

끝으로 이 책을 집필할 기회를 준 가가쿠도진(化学同人)의 쓰루 다카아키 씨에게 감사한다. 집필 의뢰를 받은 것은 동일본 대지진 후 몇 달이 지난 뒤였다. 여러 가지 일로 정신없는 와중에 글마저 써지지 않던 상황에서도 그는 나에게 늘 격려의 말을 잊지 않았다. 깊은 감사의 인사를 전한다.

또 이 책의 삽화를 그려준 아내에게도 고마움을 전하고 싶다.

이시카와 신이치

참고 문헌 및 웹사이트

제1장 | 요리와 과학의 맛있는 만남

『BRUTUS』 2005 年 5 /15 号, 「特集：あなたにも作れます！　21 世紀料理教室！」, マガジンハウス.

Barham, P., Skibsted, L. H., Bredie, W. L., Frøst, M. B., Møller, P., Risbo, J., Snitkjaer, P. and Mortensen, L. M. (2010). Molecular gastronomy: a new emerging scientific discipline. *Chem. Rev.*, 110(4), 2313-65.

Harvard School of Engineering and Applied Sciences. "Science and Cooking" http://www.seas.harvard.edu/cooking/

This, H. (2009). Twenty Years of Molecular Gastronomy. 『日本調理学会誌』, 42 (2), 79-85.

This, H. (2007). *Kitchen Mysteries: Revealing the Science of Cooking*, Columbia University Press.

This, H. (2008). *Molecular Gastronomy: Exploring the Science of Flavor*, Columbia University Press.

This, H. (2009). *Building a Meal: From Molecular Gastronomy to Culinary Constructivism*, Columbia University Press.

Blumenthal, H. (2009). *The Fat Duck Cookbook*, Bloomsbury Publishing.

Humphries, C. (2012). "Cooking: delicious science", *Nature*, 486(7403), S10-1.

Jeff Potter (2011). 『Cooking for Geeks：料理の科学と実践レシピ』(水原文　訳), オライリージャパン.

Myhrvold, N., Young, C. and Bilet, M. (2011). *Modernist Cuisine: The Art and Science of Cooking*, Cooking Lab.

Lister, T. and Blumenthal, H. (2005). *Kitchen Chemistry*, Osborne, C. (ed), Royal Society of Chemistry.

The Observer. "'Molecular gastronomy is dead.' Heston speaks out", http://observer.theguardian.com/foodmonthly/futureoffood/story/0,,1969722,00.html

The Observer. "Statement on the 'new cookery'", http://www.theguardian.com/uk/2006/dec/10/foodanddrink.obsfoodmonthly

エルヴェ・ティス, ピエール・ガニェール (2008). 『料理革命』(伊藤文　訳),

中央公論新社.
エルヴェ・ティス (2008). 『フランス料理の「なぞ」を解く』(須山泰秀, 遠田敬子　訳), 柴田書店.
エルヴェ・ティス (1999). 『フランス料理の「なぜ」に答える』(須山泰秀　訳), 柴田書店.
ゲレオン・ヴェツェル監督 (2012). 『エル・ブリの秘密—世界一予約のとれないレストラン』, 角川書店.
フェラン・アドリア, ジュリ・ソレル, アルベルト・アドリア (2009). 『エル・ブリの一日—アイデア, 創作メソッド, 創造性の秘密』(清宮真理, 小松伸子, 斎藤唯, 武部好子　訳), ファイドン.
葛西隆則, 石掛恵理, 大石はるか, 長勢朝美, 細川尚子 (2011). 「「分子料理学〔美食学〕」("Molecular Gastronomy") の盛衰とシェフ達による新しい働き」. 『藤女子大学紀要』, 48 (第II部), 35-41.
坂東省次　著・編集 (2013). 『現代スペインを知るための60章』, 明石書店.
山本益博 (2002). 『エル・ブリ　想像もつかない味』, 光文社.
村上陽一郎 (1999). 『科学・技術と社会—文・理を越える新しい科学・技術論』, 光村教育図書.
田村真八郎, 安本教伝, 勝田啓子, 池田清和, 川端晶子, 山本愛二郎, 田村咲江 (1997). 『食品調理機能学』, 建帛社.
渡辺万里　著, フェラン・アドリア　監修 (2000). 『エル・ブジ至極のレシピ集—世界を席巻するスペイン料理界の至宝』, 日本文芸社.
日本料理アカデミー. "日本農芸化学会2012「拡大サイエンスカフェ」実施報告", http://culinary-academy.jp/system/wp-content/uploads/labo.pdf?phpMyAdmin=QQ4u-DU0RUw8NV6VdfTloKDhaS7

제2장 | 요리를 느끼는 메커니즘

Hawkes, C. H. and Doty, R. L. (2009). *The neurology of olfaction*, Cambridge University Press.
Shepherd, G. M. (2011). *Neurogastronomy: How the Brain Creates Flavor and Why It Matters*, Columbia University Press.
Robyt, J. F. (1997). *Essentials of Carbohydrate Chemistry*, Springer.
Kier, L. B. (1972). A molecular theory of sweet taste. *J. Pharm. Sci.*, 61(9), 1394-7.
Masuda, K., Koizumi, A., Nakajima, K., Tanaka, T., Abe, K., Misaka, T. and Ishiguro. M. (2012). Characterization of the modes of binding between human sweet taste receptor and low-molecular-weight sweet compounds. *PLoS One*,

7(4), e35380.

Mouritsen, O. G. and Khandelia, H. (2012). Molecular mechanism of the allosteric enhancement of the umami taste sensation". *FEBS J.*, 279(17), 3112-20.

Shallenberger, R. S. (1994). *Taste Chemistry*, Springer.

Shallenberger, R. S. and Acree, T. E. (1967). Molecular theory of sweet taste. *Nature*, 216(5114), 480-2.

Shallenberger, R. S. (1978). Intrinsic chemistry of fructose. *Pure Appi. Chem.*, 50(11-12), 1409-20.

Zhang, F., Klebansky, B., Fine, R. M., Xu, H., Pronin, A., Liu, H., Tachdjian, C. and Li, X. (2008). Molecular mechanism for the umami taste synergism. *Proc. Natl. Acad. Sci. USA*, 105(52), 20930-4.

『おいしさの科学』企画委員会 編 (2012). 『おいしさの科学シリーズ Vol. 3「トウガラシの戦略―辛味スパイスのちから」』, エヌ・ティー・エス.

古賀良彦ほか (2013). 『嗅覚と匂い・香りの産業利用最前線』, エヌ・ティー・エス.

今田純雄 編 (2005). 『食べることの心理学―食べる, 食べない, 好き, 嫌い』, 有斐閣.

三坂巧 (2012). 「人工甘味料―甘味受容体間における相互作用メカニズムの解明」, 『化学と生物』, 50 (12), 859-61.

山本隆 (1996). 『脳と味覚』, 共立出版.

山本隆 (2001). 『美味の構造―なぜ「おいしい」のか』, 講談社.

山野善正 監修 (2011). 『進化する食品テクスチャー研究』, エヌ・ティー・エス.

森憲作 (2010). 『脳のなかの匂い地図』, PHP 研究所.

川端晶子 (2003). 『食品とテクスチャー』, 光琳.

日下部裕子, 和田有史 編 (2011). 『味わいの認知科学―舌の先から脳の向こうまで』, 勁草書房.

日本味と匂学会 編 (2004). 『味のなんでも小事典―甘いものはなぜ別腹？』, 講談社.

畑中三応子 (2013). 『ファッションフード, あります。―はやりの食べ物クロニクル 1970-2010』, 紀伊國屋書店.

伏木亨 (2005). 『人間は脳で食べている』, 筑摩書房.

伏木亨 (2008). 『味覚と嗜好のサイエンス』, 丸善.

櫻井武 (2012). 『食欲の科学』, 講談社.

제3장 | 요리에 숨어 있는 과학원리

Ahn, Y. Y., Ahnert, S. E., Bagrow, J. P. and Barabási, A. L. (2011). Flavor network and the principles of food pairing. *Sci. Rep.*, 1(196), 1-21.

Edwards, D. (2010). *The Lab: Creativity and Culture*, Harvard University Press.

Drahl, C. (2012). Molecular Gastronomy Cooks Up Strange Plate-Fellows. *Chemical & Engineering News*, 90(25), 37-40.

Chartier, F. (2012). *Taste Buds and Molecules: The Art and Science of Food, Wine, and Flavor*, Houghton Mifflin Harcourt.

マギー (2008).『キッチンサイエンス一食材から食卓まで』(香西みどり　監修, 北山薫, 北山雅彦　訳), 共立出版.

Perkel, J. M. (2012). The new molecular gastronomy, or, a gustatory tour of network analysis. *Biotechniques*, 53(1), 19-22.

久保田紀久枝, 森光康次郎　編 (2011).『食品学一食品成分と機能性』, 東京化学同人.

久保田昌治, 佐野洋, 石谷孝佑 (2008).『食品と水』, 光琳.

『考える人』2011年11月号,「特集　考える料理」, 新潮社.

清水純夫, 牧野正義, 角田一 (2004).『食品と香り』, 光琳.

村勢則郎, 佐藤清隆　編 (2000).『食品とガラス化・結晶化技術』, サイエンスフォーラム.

長谷川香料株式会社 (2013).『香料の科学』, 講談社サイエンティフィック.

白澤卓二, 大越ひろ, 渡邊昌　監修 (2012).『高齢者用食品の開発と展望』, シーエムシー出版.

片山脩, 田島真 (2003).『食品と色』, 光琳.

本間清一, 村田容常　編 (2011).『食品加工貯蔵学』, 東京化学同人.

제4장 | 요리 과정에 숨어 있는 과학원리

AFPBB News. "「分子料理法」実験で爆発, ドイツのシェフ両手失う", http://www.afpbb.com/articles/-/2621179

Carmody, R. N., Weintraub, G. S. and Wrangham, R. W. (2011). Energetic consequences of thermal and nonthermal food processing. *Proc. Natl. Acad. Sci. USA*, 108(48), 19199-203.

Fonseca-Azevedo, K. and Herculano-Houzel, S. (2012). Metabolic constraint imposes tradeoff between body size and number of brain neurons in human evolution. *Proc. Natl. Acad. Sci. USA*, 109(45), 18571-6.

Modernist Cuisine Blog. "5 Additional Uses for Your Baking Steel", http://modernistcuisine.com/2013/04/five-additional-uses-for-your-baking-steel/

PolyScience. "The Anti-Griddle® Inspired by Chef Grant Achatz", http://cuisinetechnology.com/the-anti-griddle.php
Sharp Europe. "Sharp intern and design team give unhealthy cooking the chop", http://www.sharp.eu/cps/rde/xchg/eu/hs.xsl/-/html/sharp-intern-and-design-team-give-unhealthy-cooking-the-chop.htm
The Royal Society. "Royal Society names refrigeration, pasteurisation and canning as greatest three inventions in the history of food and drink", http://royalsociety.org/news/2012/top-20-food-innovations/
インターネットコム. "包丁を使えるタブレット?—タッチスクリーン搭載の"まな板"が登場", http://japan.internet.com/webtech/20131028/3.html
スティーヴン・オッペンハイマー (2007). 『人類の足跡 10 万年全史』(仲村明子 訳), 草思社.
ナショナルジオグラフィック. "ヒトの脳は加熱調理で進化した?", http://www.nationalgeographic.co.jp/news/news_article.php?file_id=20121031002
ロバート・L. ウォルク (2013). 『料理の科学—素朴な疑問に答えます〈2〉』(ハーパー保子 訳), 楽工社.
一色賢司 (2013). 『生食のおいしさとリスク』, エヌ・ティー・エス.
山本和貴 (2009). 「高圧力を活用した食品加工その 1 総論」, 『日本調理科学会誌』, 42 (6), 417-23.
山本和貴 (2010). 「高圧力を活用した食品加工その 2 動向」, 『日本調理科学会誌』, 43 (1), 44-9.
重松亨, 西海理之 (2013). 『進化する食品高圧加工技術—基礎から最新の応用事例まで』, エヌ・ティー・エス.
青木三恵子 編 (2011). 『調理学』, 化学同人.
辻調理師専門学校 編 (2000). 『料理をおいしくする包丁の使い方—野菜と魚介のうまみを引き出す切り方・さばき方』, ナツメ社.
畑江敬子, 香西みどり 編 (2011). 『調理学』, 東京化学同人.
畑江敬子 (2005). 『さしみの科学—おいしさのひみつ』, 成山堂書店.
肥後温子 (1989). 『電子レンジ「こつ」の科学—使い方の疑問に答える』, 柴田書店.
木戸詔子, 池田ひろ 編 (2010). 『食べ物と健康〈4〉 調理学 (第 2 版)』, 化学同人.
矢野俊正, 川端晶子 (1996). 『調理工学』, 建帛社.

Travelers", http://healthland.time.com/2012/07/11/what-tastes-good-in-outer-space-cooking-for-mars-bound-travelers/?iid=hl-main-mostpop1
『おいしさの科学』企画委員会　編 (2011).『おいしさの科学シリーズ Vol. 1「食品のテクスチャー―ニッポンの食はねばりにあり。」』, エヌ・ティー・エス.
沖谷明紘　編 (1996).『肉の科学』, 朝倉書店.
下村道子, 橋本慶子　編 (1993).『動物性食品』, 朝倉書店.
宮崎駿監督 (2002).『千と千尋の神隠し』, ブエナ・ビスタ・ホーム・エンターテイメント.
細野明義, 吉川正明, 八田一, 沖谷明紘　編 (2007).『畜産食品の事典』, 朝倉書店.
山口修一, 山路達也 (2012).『インクジェット時代がきた！―液晶テレビも骨も作れる驚異の技術』, 光文社.
清水恵太, 藤村忍, 石橋晃 (1997).「卵のおいしさ (2)」,『畜産の研究』, 51 (3), 40-2.
石谷孝佑, 大坪研一　編 (1995).『米の科学』, 朝倉書店.
中村良　編 (1998).『卵の科学』, 朝倉書店.
渡邊乾二　編 (2008).『食卵の科学と機能―発展的利用とその課題』, アイケイコーポレーション.
島田淳子, 下村道子　編 (1994).『植物性食品 I』, 朝倉書店.
伏木亨 (2005).『コクと旨味の秘密』, 新潮社.
福地健太郎, 富山彰史, 城一裕 (2011). "Laser-Cooking : レーザーカッターを用いた自動調理法の開発", 情報処理学会研究報告. HCI, ヒューマンコンピュータインタラクション研究会報告, 2011-HCI-144 (19), 1-6.

식탁 위의 과학

분자요리

초판 1쇄 인쇄 2016년 3월 21일
2판 1쇄 발행 2023년 10월 2일

지은이 이시카와 신이치
옮긴이 홍주영

발행인 양수빈
펴낸곳 끌레마
등록번호 제313-2008-31호
주소 서울시 종로구 대학로 14길 21 (혜화동) 민재빌딩 4층
전화 02-3142-2887 팩스 02-3142-4006
이메일 yhtak@clema.co.kr

ISBN 978-89-94081-61-8 (03400)

• 값은 뒤표지에 표기되어 있습니다.
• 제본이나 인쇄가 잘못된 책은 바꿔드립니다.